JN022263

天変地異はどう語られてきたか

中国・日本・朝鮮・東南アジア

東方書店

読者のみなさまへ

みなさんは「天変地異」と聞いてどのようなイメージを抱かれるでしょうか？

「天変」といえば、オーロラ、日食や月食、火星の接近などを連想される方も少なくないでしょう。今や「日食ツアー」や「月食ツアー」が企画されて天界のパノラマショーとして楽しむ時代ですから、それらの「天変」を恐れ忌み嫌う人はさほど多くはないでしょう。

では、「地異」はどうでしょうか？

日本では天がもたらす台風や日照りも、地上の地震や火山の噴火も、被害が出るとひっくるめて「天災」といいます。中国では古来、日食や月食、彗星、惑星、隕石など、日常的には現れない天上の現象を「天変」とよんでいます。また、地震や山崩れ、河川の氾濫（はんらん）など、地上の異変を「地変」とよんだことが歴史書に記録されています。しかし、「地異」という語はありませんから、「地異」は日本で生まれた語彙でしょう。

日本の歴史書には、干害や水害による大飢饉、毎年のように襲いかかる疫病（えきびょう）、火山の噴火、各地で発生する地震が記録されています。しかし、科学の未発達な当時は、ひたすら神仏にすがって「天災」の収束を待つほかなかったのです。

　これほど科学が発達した今も、わたしたちは「天災」を避けることはできません。記憶に新しい阪神淡路大震災（一九九五年）、新潟県中越地震（二〇〇四年）、東日本大震災・津波・原子力発電所事故（二〇一一年）、熊本地震（二〇一六年）、北海道胆振（いぶり）東部地震（二〇一八年）など、大地震は多くの命を奪い家屋を倒壊し生活をことごとく破綻させました。また、毎年のように激しい台風に見舞われ、集中豪雨で土石流や河川氾濫が発生し、あちこちで大きな被害が続出しています。ニュースはそのつど「百年に一度」の豪雨、あるいは「予測不能」のゲリラ豪雨、「観測史上最高」の「命に関わる」猛暑などと警告しますが、すべて「異常気象」による「自然災害」と説明され、その被害は「天災」とよばれます。思うに、今では「異常気象」は「日常」となっていることは誰でもわかっています。それなのに「想定外」とか「百年に一度」といっても説得力がありません。

　科学者は早くから世界規模の天変地異を予測し警告してきました。果たしてそれは現実となりつつあります。それなのに、「天災には勝てない」とか「自然災害だから仕方がない」とあきらめるのが正しい判断なのでしょうか。「天災」に手をこまねいているしかないのでしょうか。

　そもそも「天災」とは二千年以上も前に中国で生まれた語で、天（自然）が人間界に下した災いであると説明されています。そして、日食や月食など天上の異変だけでなく、地震・火災・水害・

渇水・疫病・異常気象などなど、わたしたちの生活に甚大な禍害（かがい）をもたらす天変地異は、歴史書に記録されて後世に語り継がれています。

天変地異を語り継いだのは中国だけではありません。古来、中国文明の影響下にあった朝鮮半島や日本列島はもちろん、日本の中で独特な歴史と文化をもつ沖縄でも、また、しばしば地震や津波、火山の噴火に見舞われるインドネシアでも今に受け継がれています。

本書は、アジア諸国に語り継がれ記録された「天変地異」の言説（ディスコース）や逸話（アネクドート）をとおして、先人はいかに天変地異と向き合って生きてきたのかを知り、そこから何か学ぶことができるヒントを共有したいと考え生まれました。目をそらさず天変地異に向き合い、ともに考えようではありませんか。

目次

第三部　外来者と天変地異……169

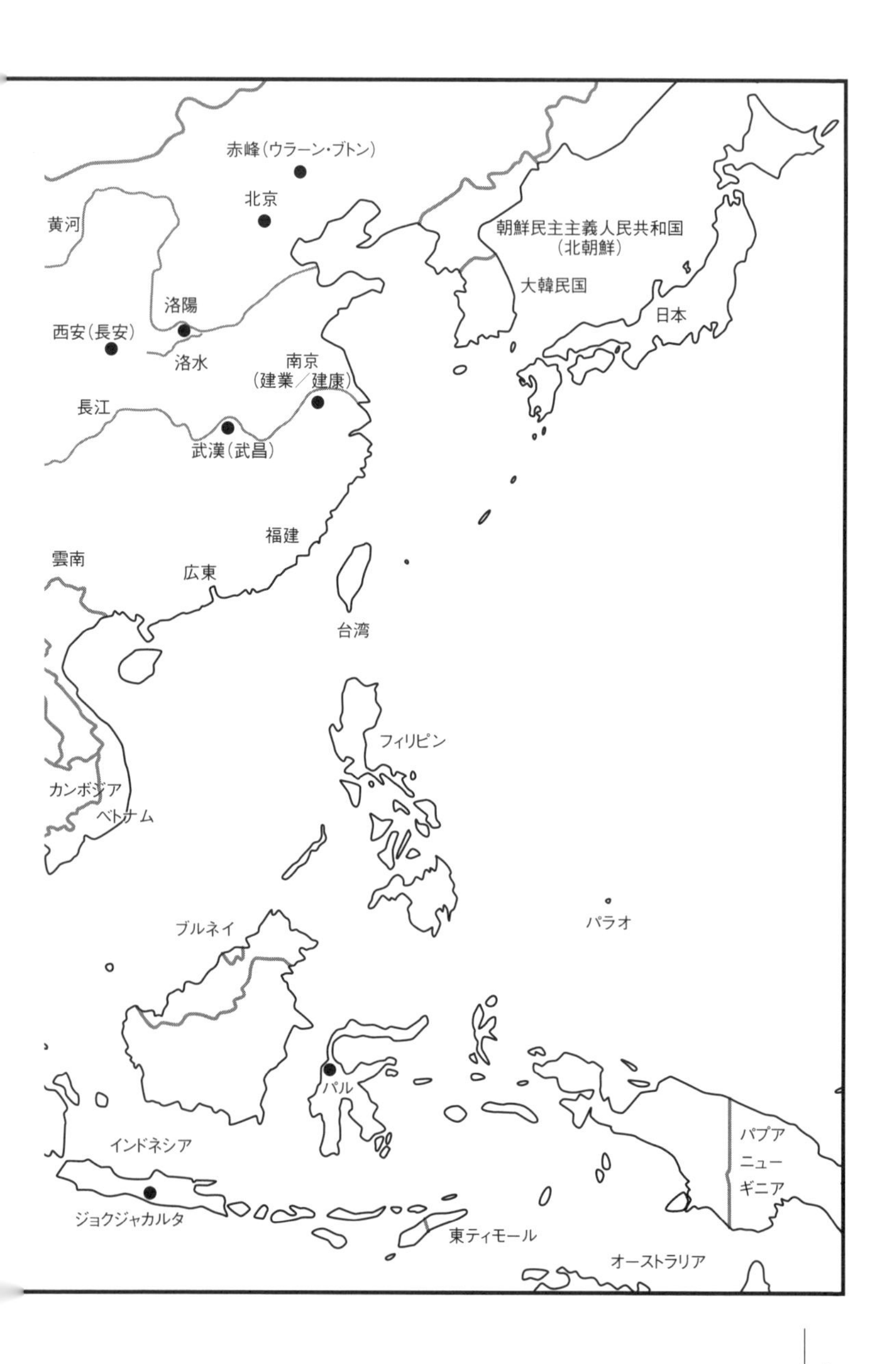
赤峰（ウラーン・ブトン）
北京
黄河
朝鮮民主主義人民共和国
（北朝鮮）
大韓民国
洛陽
西安（長安）
洛水
日本
南京
（建業／建康）
長江
武漢（武昌）
福建
雲南
広東
台湾
フィリピン
カンボジア
ベトナム
ブルネイ
パラオ
パル
インドネシア
パプア
ニュー
ギニア
ジョクジャカルタ
東ティモール
オーストラリア

[アジア]

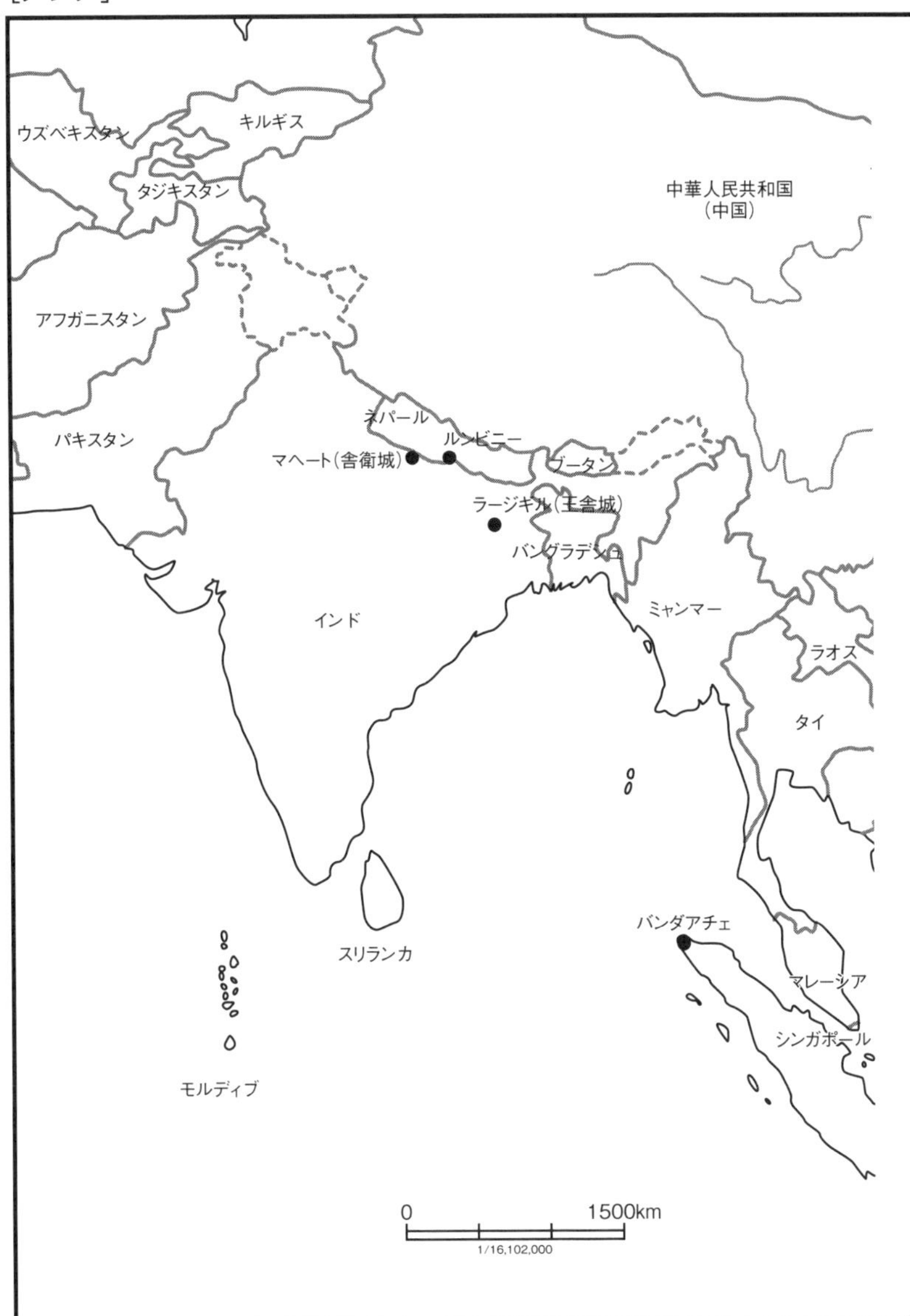
ウズベキスタン
キルギス
タジキスタン
中華人民共和国
(中国)
アフガニスタン
ネパール
パキスタン
ルンビニー
マヘート(舎衛城)
ブータン
ラージギル(王舎城)
バングラデシュ
ミャンマー
インド
ラオス
タイ
バンダアチェ
スリランカ
マレーシア
シンガポール
モルディブ
0
1500km
1/16,102,000

［インドネシア］

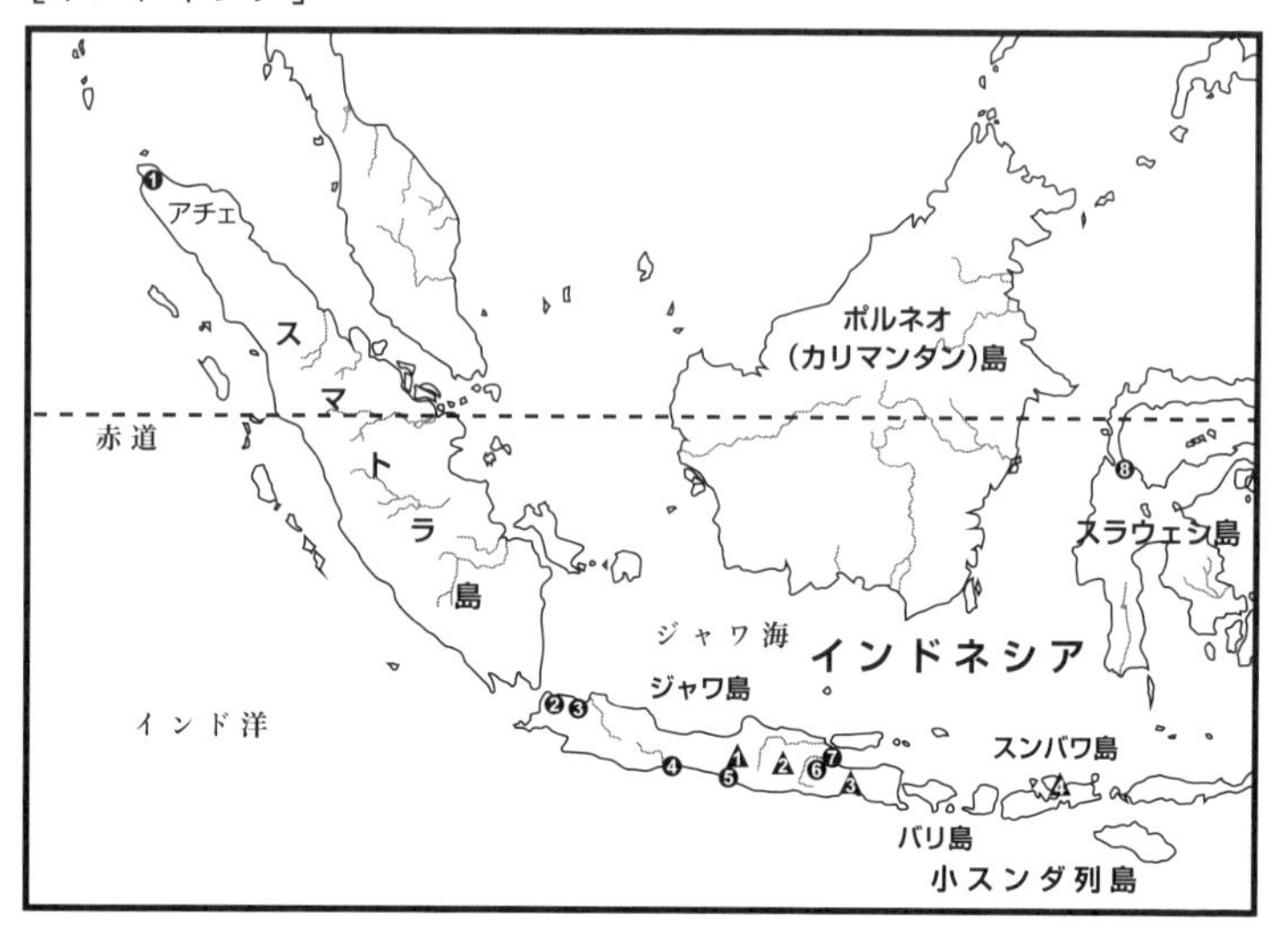

❶バンダアチェ ❷バンテン ❸ジャカルタ ❹チラチャップ
❺ジョクジャカルタ ❻マジャパヒト ❼シドアルジョ ❽パル
▲1ムラピ山 ▲2ラウ山 ▲3ブロモ山 ▲4タンボラ山

[朝鮮・日本]

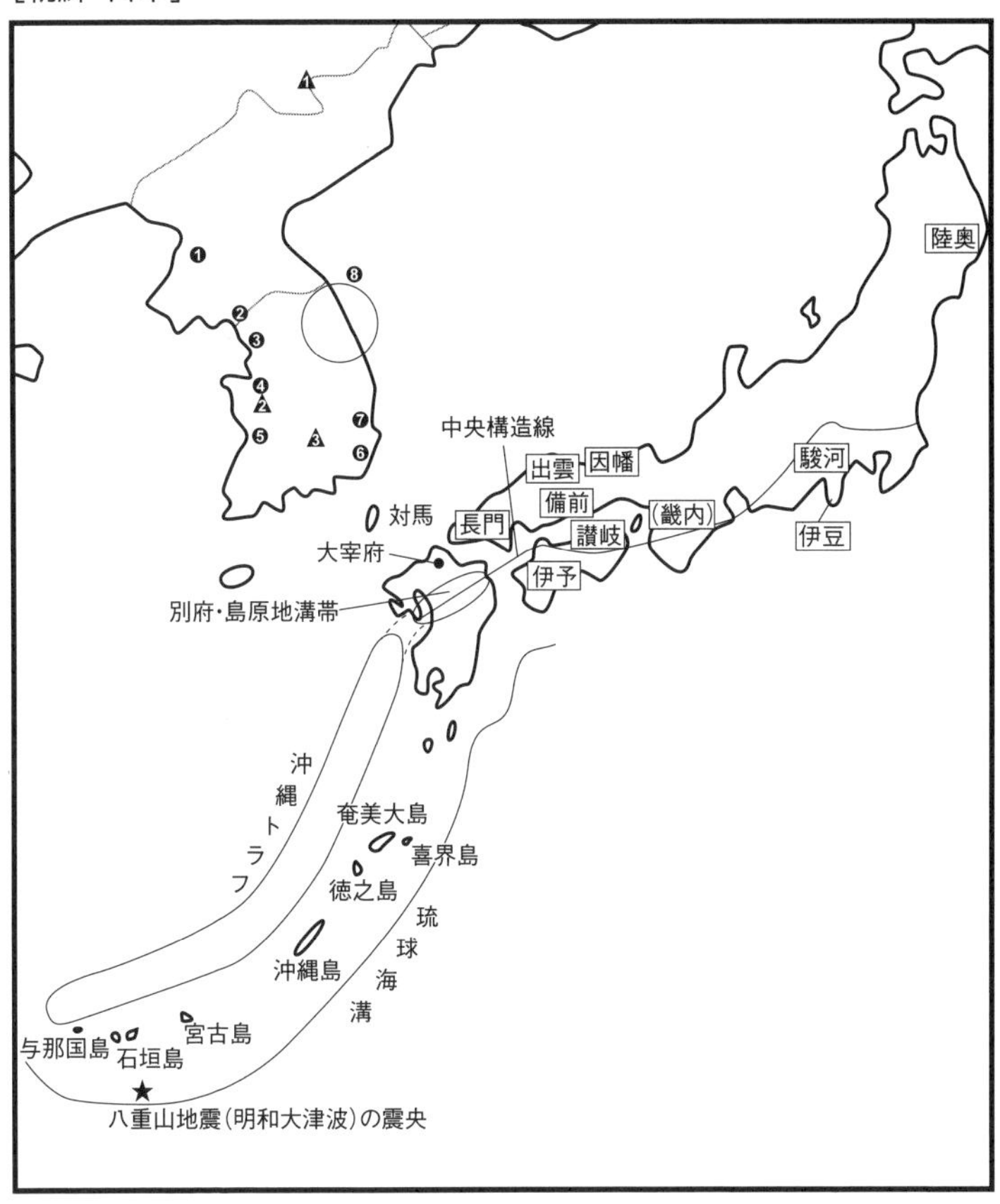

❶〈平壌〉　❷〈松岳(開城)〉　❸〈漢陽(ソウル)〉　❹世宗特別自治市

❺〈全州〉　❻蔚山　❼浦項

❽1681(粛宗7)年の大地震で被害の出た地域

▲1白頭山　▲2〈鶏龍山〉　▲3〈伽耶山〉

〈　〉『鄭鑑録』に記された遷都地

(畿内)は山城・大和(大倭)・河内・和泉・摂津の5国をさし、古代の都もこの内部にあった

第一部

宗教と天変地異

失政が天変地異を招く——儒教

串田　久治

◈はじめに

古来、中国人は自然界（天）と人間界とは相関関係にあると考えた。これを天人相関思想という。

草木が芽生える春は、まさしく生命の誕生する季節である。だから、春に生命を奪う行為、すなわち死刑を執行するのは自然の摂理に反する行為となり、それを犯せば自然界の四季の調和が乱れ、人間界に自然の猛威がふりかかると恐れられた。

天上であれ地上であれ、自然界の異常現象は人事——地上の政治の反映であり、意志ある天が人間界に下す災禍であると解釈する自然観では、日食や月食などの天文現象はもちろん、冷夏や暖冬といった天候不順も、地震や洪水による災害も、すべて地上の政治が正しく機能していないことの証だと考えられた。そのため、古代中国では、「天災は自然現象だから仕方がない」と諦める発想は希薄であった。

この発想は当然のことながら儒教にも受け入れられた。儒教が国家統一の原理となった漢代以降の中国では、天変地異が人々の現実政治批判を喚起することはあっても、天変地異を運命だと理解することは一般的ではなかった。

ここでは儒教の災害観をとおして、そもそも自然災害は本当に「自然」現象なのだろうかと改めて問い直し、天変地異とどう向き合うかを考えてみよう。

◈儒教の自然観——陰陽五行思想

古代中国人は、相反する陰と陽との二気が衰えたり盛んになったりして、森羅万象が生成消滅すると考えた。それを陰陽説という。天・男・太陽などを陽、地・女・月などを陰と二分し、自然界はこの陰と陽とで成り立つとする。

〔図一〕

○陽	⚊	太陽	天	奇数	男性	表
●陰	⚋	月	地	偶数	女性	裏

陰とは日のあたらないところ、陽とは日のあたるところを意味する漢字である。したがって、山の南側は太陽があたるので山陽、北側は太陽があたらないので山陰という。反対に、河の南側は太陽があたらないので河陰（かいん）、河の北側は太陽があたるので河陽（かよう）という。中国では河陰といえば黄河の南側（河南）、河陽といえば黄河の北側（河北）を指し、また、河南省の古都洛陽（らくよう）は洛水（黄河の支流）の北側にあるので洛陽という。

この陰陽思想は早くから日本に伝わり今に至っている。日本の中国山地の北側を山陰地方、南側を山陽地方と呼ぶのはその一例である。また、太陽のあたる陽は暖かく陰は寒いと感じた日本人は、昔から地名に陽をつけることを好んだようで、日本には陽のつく地名はたいへん多い。

陰陽思想は日本人にも馴染みのある動物の名称にも見ることができる。鳳凰（ほうおう）（おおとり）、麒麟（きりん）（きりん）、翡翠（ひすい）（かわせみ）、鴛鴦（えんおう）（おしどり）、鯨鯢（げいげい）（くじら）など、いずれも前者が雄（陽）で後者が雌（陰）である。

動物だけではない。にじも虹蜺（こうげい）といって雌雄がある。「虹」が雄（陽）で、虹の上にもうひとつうっすらとかかっているにじ、これが雌のにじ「蜺」で、虹とは色が逆になっており、日本でもしばしば見ることができる。

また、罪人をいう奴婢（ぬひ）も、奴が男（陽）で婢が女（陰）、たましいを意味する魂魄（こんぱく）も、天に昇る陽のたましいが魂、地に帰す陰のたましいが魄である。

四季の循環もまた、陰と陽とがそれぞれ盛んになったり衰えたりすることで生まれると説明される。

草木は陽気の兆す春に芽吹き、陽気の最も盛んな夏に生育し、陰気と陽気とが交わる秋になると実を結び、陽気が衰えて陰気が満ちる冬に枯死する。そして、陰気が衰えると、またもや陽気が兆し、再び草木が芽吹き、四季の推移をくり返す。

このように、自然は一切の人為を加えることなく、陰気と陽気の消長によって「自ずから然り(自然)」なのである。

人間もまた自然のひとつであるから、人間の一生も四季として説明される。新しい命が誕生する春、健やかに成長する夏、やがて成人して結婚し子孫を残す秋、そして人生の死を迎えるのが冬である。

「陰陽」という語は日本語として定着しているが、今日では陽気と陰気、陽性と陰性などのように、好ましいか好ましくないかという価値判断を付与された語として使われることが多い。しかし、もともと陰と陽には価値の差はまったくない。陰と陽とは明らかに対立する概念である

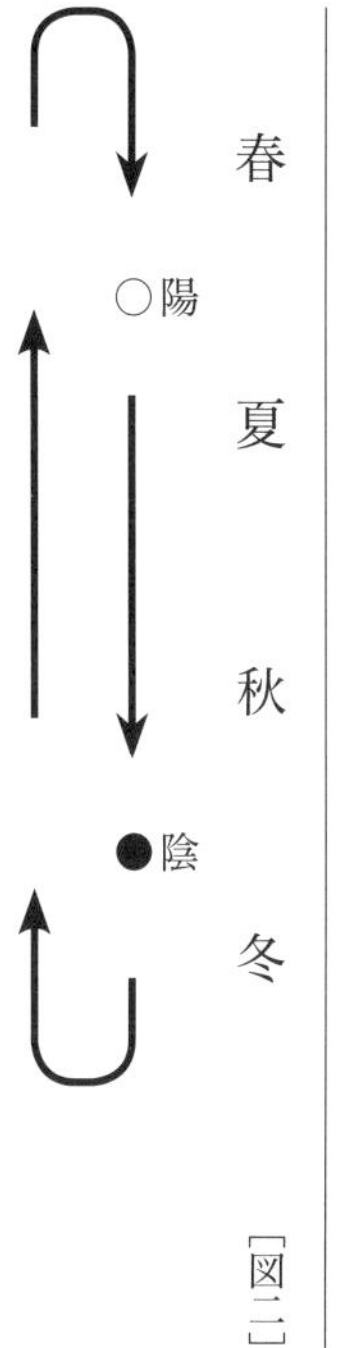

[図二]

が、片方だけでは意味をなさない。日向があればかならず日陰があり、紙に表があればかならず裏があるように、一方を否定すれば他方の存在も否定されるという関係にある。また、月の満ち欠けに象徴されるように、陰は極まれば陽に、陽は極まれば陰に推移する。

このように、陰陽説では相反する両者は等価値であり、対立する二者が相互に補いあっていると考えるため、なによりも陰陽のバランスを保つことを重視する。

この陰陽説とは別に五行説がある。世界は木・火・土・金・水の五つの要素から構成されると考え、自然界のすべてはこの五つに配当できるとする。すなわち、木星・火星・土星・金星・水星の五惑星だけでなく、四季に一年の真ん中の土用を加えて五時（時は季節の意）、四方に中央を加えて五方、色は青・赤・黄・白・黒の五色、味覚は酸・苦（にがい）・甘・辛・鹹（しおからい）の五味というように配当する。戦国時代になって、鄒衍（前三〇五？～前二四〇？年）が陰陽説と五行説とを合体させて陰陽五行論とし、ここに中国の自然観は完成したといえる。儒教もこの自然観の上にあり、この自然観に沿って天変地異を解釈する。

◈天変地異と政治

天変地異は人類の歴史とともに古い。科学の未発達な古代中国では、自然の恵みを「天賞」、自然災害を「天禍」とよんだ。自然の摂理を尊んで遵守すれば国政は正しく機能し国民は平安になる、すると天はそれを祝福して天賞を下す。逆に自然の法則を無視して悪政がはびこり国民を苦しめると、天は災害や異変という天禍を下して統治者を譴責する。

自然現象を善政か失政かのバロメーターとする考え方は、すでに紀元前からあった。経書（儒教の経典）のひとつ『尚書』に、「休徴」と「咎徴」という語がみえる。「休徴」とは「めでたいしるし」、「咎徴」とは「悪いしるし」という意味で、統治者が立派な徳を身につけていれば、天はその徳に感じて雨・陽光・暖・寒・風という天の恵みを地上にもたらして五穀豊穣を約束し、統治者の徳が失われると、天は自然の法則に反する長雨や干ばつ、あるいは冷夏や暖冬などの天候不順、はたまた地震や水害・虫害・疫病などの災害異変を下すというのである。

地上のことだけではない。古代人は日食や月食、惑星の異常運行、彗星や流星、隕石の落下などなど、天上の異常現象に対しても、地上の災害異変と同じように脅威を抱いた。恐るべき自然の異変、時には理不尽とも思われる天変地異は単なる自然現象ではなく、人間社会に原因が

［図三］

五行	木	火	土	金	水
五星	木星	火星	土星	金星	水星
五時	春	夏	土用	秋	冬
五方	東	南	中央	西	北
五色	青	赤	黄	白	黒
五味	酸	苦	甘	辛	鹹

あって起こると考えたからである。この災害観が儒家に引き継がれ、理論化されて中国独特の災害観が生まれる。

前漢の武帝(前一四一~前八七年在位)は、儒教を国家の統一原理として君主権の強化をはかり、天子中心の専制国家を確立させた。その立役者のひとりが董仲舒(とうちゅうじょ)(前一七九?~前一〇四?年)である。董仲舒は秦の始皇帝(前二四六~前二一〇年在位)が苛烈な専制政治によってわずか数十年で秦帝国を滅ぼした歴史に学び、漢王朝が同じ過ちをくり返すことがないようにと、天子の権力が強大化しすぎて暴走することを防ぐための理論を用意した。これを災異説(さいいせつ)という。

自然界にめったにない変を「異」という。そのうち、小さなものを「災」という。自然界では先に災がやってきて、異はその後から現れる。災は天の人間界への譴責であり、異は天の威嚇(いかく)である。天が災を下して統治者を譴責しているにもかかわらず、当の統治者がそれを察知しないとき、天は次に異を下して威嚇する。……そもそも災害異変はことごとく国家の失政によって生ずるものである。国家に失政の兆しが芽生えると、天は災害を下してその国に譴告する。天が譴告しているのに天の意を理解しようとしない場合、天は次に怪異を示してその国を威嚇し警告する。それでも非を改めようとしなければ厳罰を下して国を滅ぼす。
(『春秋繁露(しゅんじゅうはんろ)』)

災異説によれば、自然界の陰と陽とがバランスを保っているなら、雨は降るべきときに降り、風は吹くべきときに吹く。すると万物は調和を失わず、その結果、草木は茂り農作物は豊かに実り潤沢となるはずだが、しばしば災害異変が発生して農作物に被害が出るのは、地上の悪政に天が鳴らした警鐘である。

このように、災異説はあらゆる災害異変が自然の摂理を無視した結果であるというだけでなく、天子に不徳と失政への反省をうながす画期的な政治理論となった。

いうまでもなく、これはそれまでの政治観を大きく変えることとなった。天子とは天の命を受けて絶対的権力を賦与された有徳者ではあるが、同時に天はその天子の政治を監視しているということになり、国民を苦しめ不安に陥れる災害異変の責任は、全面的に天子に帰せられることになるのだから。

この考え方は当時の社会を風靡した。たとえば、昭帝（前八七～前七四年在位）から宣帝（前七四～前四九年在位）の時代に活躍した桓寛（生卒年不詳）は、その著『塩鉄論』に次のように記している。

> その昔、有徳の政治が行われていたころは、自然界の陰と陽とが調和していたので、天上では天体の運行は狂わず、地上では風も雨も時節を得て適度に吹き適度に降った。だから、だれかが有徳の行いをすると、その人の善行はかならず名声となって広く知れわたるように、地上の統治者が民に徳をほどこす政治をすれば、天はかならず地上の善政に感応して地上に

幸いをもたらした。

また桓寛はいう、「有徳の周公旦のころは天下太平で、若くして死ぬような不幸な人もなく、凶作に苦しむ民もいなかった。雨が降ってもけっして大雨にはならず、風が吹いても樹木を揺るがすような大風は吹かず、雨は十日に一度、しかもかならず夜間に降ったので、高地であろうと低地であろうと、どこでも穀物がよく実った」と。

地上の政治が正しく機能しているなら、自然もそれに応えてくれるはずだというこの楽観論は、人は自然界と協調して折り合って生きていくものだという考えの上にあり、自然を征服するという考えは希薄である。

このような考え方は東アジアの儒教文化圏では今なお生きている。それは自然界と人間界との間に神秘を認めるからではなく、それなりの合理性を感得しているからだろう。

◈天変——天文観測と占い

宇宙のメカニズムを解明しつつある今日の自然科学は、次の日食や月食が地球上のどの地点で何時何分に観測できるかまで教えてくれる。しかし、古代人にとってこれらの現象は人知を越える謎であった。不可解な謎は人間の恐怖心をかきたてる。四季の循環や寒暖の調和も、太陽や月や惑星の運行も天の配剤であると考えた古代人にとって、陰と陽の二気がバランスを保っている限り異常な現象はあるはずない。日食や月食も、惑星の異常運行も、彗星や流星も、原因不明の現象はすべてが脅威であった。

紀元前一二・三世紀の殷王朝、まだ狩猟採集の生活が中心であったころの甲骨文（殷の遺跡から出土する古代文字）にも、風雨などの天候をうかがう記録が断片的にみえる。しかし、殷の時代はまだ天文観測には至っていない。天体を観測して記録するようになったのは、およそ三千年前の周王朝に入ってからである。

また、経書のひとつ『周易』（しゅうえき）は、天文観測によって得られた変化の法則にもとづいて天地の千変万化から吉凶を説く占いの書である。そこに、「天文を観察して季節の変化を推察する」とある。日月星辰の運行を観測して四季の変遷を推察し、より客観的な自然の法則を天文観測から獲得しようとするのは、原始的ではあるが明らかに科学的な精神のあらわれといえる。

自然の法則を知ろうと天文観測をした古代人は、予測を越えた異変や法則に反する現象を目のあたりにして、驚きとともに恐怖を経験したことであろう。天文観測から吉凶を占う行為は、その恐怖から逃れようとする意志のあらわれであり、不安を解消するための一助として生まれたとみて大過ないだろう。しかし、ひとたび観測者がその主観を捨てて客観性を求めようとするとき、そこにある種の法則をみいだすことになる。その記録の積み重ねが科学的な天文学として発展していった。

一方、天文観測からさまざまな占術が展開したことは中国の天文学の特色である。もちろん占いはバビロニアのタブレットを持ち出すまでもなく、古代ギリシャやインドにもあった。古代人が天体の神秘に抱く感情は西も東も同じであったということなのだが、ただ、中国の占いは実に多種多様で、しかも今日に伝えられていることは特筆に値する。

周王朝の制度を記した『周礼（しゅらい）』には、自然現象を占って未来を予見する仕事を担う特殊技術者が列記されている。かれらは日食・月食、五惑星（木星・火星・土星・金星・水星）の会合や異常運行によって天下の禍福を占うだけでなく、雲や風や虹蜺（にじ）、あるいは眡祲（ししん）（太陽の周囲に現れる暈（かさ））のようすなどから水害や干ばつなどを予測し、諸国の農作物の豊饒・凶作を占った。

戦国時代、魏の石申（せきしん）や斉の甘公ら、天文学の専門的知識をもとに占星術師が活躍した。漢代になると、『天文気象雑占』や『五星占』など、かなりまとまった占術書が生まれている。そして、占いの結果が凶と出れば、為政者は我が身を慎み、政治を反省して正すことが求められた。

これこそが中国の占いが西洋のホロスコープと違う点である。すなわち、ホロスコープが主に個人の運命を占い予見するためのものであったのに対して、中国の占いは国家や王朝のために生まれた国家占星術として発展したということである。

天文観測者がとくに注目したのが五惑星の運行である。五惑星は、木星は歳星（さいせい）、火星は熒惑（けいわく）、土星は塡星（てんせい）、金星は太白（たいはく）、水星は辰星（しんせい）ともよばれ、漢代の画像石にはそれらの観測と占いが詳細に記録されており、すでに古代中国人の五惑星に対する関心が並々ならぬものであったことがわかる。

木星はその運行が他の惑星に比べて比較的安定しており、ほぼ一二年で天を一周するので、天空を一二等分して運行する木星の位置から年を表す方法（歳星紀年法）も生まれた。木星が歳星とよばれるゆえんである。そのため占星では歳星の位置するところは木が宿り、地上にあっては草木が繁り五穀が豊かに実るとされた。木星が吉星として認識されたことは、ローマ神話でジュピターが神々の王として天を支配する天空神であったことと通ずるものがある。

歳星と対照的な惑星が熒惑である。熒惑は五行の「火」に配当されることから、反乱や戦争、飢饉や疾病や死など、災禍をもたらす不吉な惑星とされる。古代中国のこの火星観は、奇しくも、西洋にあってはマーズがローマ神話の軍神であり、古代インドにおいては干ばつや虫害、疫病や飢饉や戦争などの不幸をもたらすと考えられたのと共通する。

また、塡星は五行「土」からの連想により領土喪失を、太白は五行「金」から武器を想起させて兵事を、「水」にあたる辰星は大飢饉を予占（よせん）する。そして、吉星とされる歳星でさえ、しかるべき位置にない場合、その禍はより大きいとされ、古代中国における五惑星は、吉占よりも凶占において特徴づけられる。

とりわけ顕著なのが熒惑である。熒惑が他の惑星に比べて特異視されるのは、地上から肉眼ではっきり見えるその赤さが不気味な印象を与えただけでなく、古代ギリシャにおいてさえ「天文学の困りもの」と称されるほどその運行が不規則で、天体観測に際して予期せぬ動きをするためである。

熒惑に抱く不気味さによって熒惑は神秘化され、おどろおどろしい不吉な惑星へと変貌していく。熒惑は現実政治に反応して異常な運行をするのであり、それは人間界への天の譴責にほかならず、熒惑がいつまでも移動しなかったり逆行したりするのは、近い将来にきっと良くないことが起こる前兆に違いないという熒惑観が生まれた。そして、災異説が席巻した前漢末から後漢以降、熒惑の神秘化は加速度的に進んでいく。

◈熒惑の予言

秦の始皇帝の三六年（前二一一）、熒惑が一か所に留まって動かないという異常運行が観測された。

> 始皇帝のとき、熒惑が東方の心宿（天の二十八宿のひとつ）に留まり、鶏の血のように真っ赤に輝いて東北の方まで染めた。はたして、始皇帝が死ぬと、始皇帝の嫡子と庶子とが互いに殺し合い、二世皇帝が即位したものの、肉親を殺し、将軍や宰相をつぎつぎと殺戮した。
> （『漢書』天文志）

鶏の血のように真っ赤に輝く不気味な熒惑の異常運行は、秦王朝の行く末を危ぶむ前兆である。すなわち、始皇帝の死、嫡子扶蘇と末子胡亥との骨肉の争い、そして二世皇帝となった胡亥が遅かれ早かれ秦帝国を滅ぼすことになると、始皇帝の死の前年に熒惑が予告していたというのである。

これと同じようなことが後にもあった。前漢成帝（前三三～前七年在位）の綏和二年（前七）、熒惑がやはり心宿に留まって動かなかった。その上、不気味な流星や惑星の逆行などもしばしば観察された。また、河川や井戸や泉が氾濫し、水害や山崩れが発生した。これらの現象は、不吉にも天子の死が近づいていることの前触れとなる。成帝は大臣翟方進に冊（天子の命令書）を送った。

> 君が丞相となって一〇年の間、そこかしこで水害や山崩れなどの災害が発生し、そのために疫病が蔓延し、溺死した者も少なくなかった。餓えた民が路上にあふれ、盗賊がはびこり、善良な民が殺され、人心は乱れ社会は混乱し、凶悪犯罪が後を絶たない。それにもかかわらず、君は民の生活をまったく無視して税を上げる。丞相として政治的責任を取れ。
>
> （『漢書』翟方進伝）

冊を拝受した翟方進は、即日自殺させられた。熒惑の神秘性がいかに強く意識されていたかを物語るだけでなく、度重なる災害異変の責任を大臣に取らせたことは、天変地異の政治責任を認めていることにほかならない。

このように、熒惑の異常運行は現実政治に対する天の戒めとして受け入れられ、為政者に猛省をうながしている。ここに熒惑は地上の政治を監視する罰星としての地位を得、現実政治に影響力をもつに至った。

予兆性を付与されて神秘化された熒惑は、次に擬人化され、熒惑の精が童子となってうたう「童謡」となり、体制批判の武器としての機能を飛躍的に高める。

◈童話と予言

童謡というと、子どもたちが無邪気にうたう「わらべうた」を連想するかもしれないが、中国の童謡はそれとはまったく趣を異にする。古来、中国の童謡は腐敗した政治の刷新を求め、権力の横暴を批判する内容を巧みにうたい込んでおり、暗に無能な天子を嘲笑し、権力者を罵倒してやりこめる内容となっている。いうまでもなく、社会をリードする知識人が詠み人知らずの童謡として意図的に流布させたものである。その手法は朝鮮半島を経由して日本にも伝わり、『日本書紀』などにも「わざうた」として散見する。また、鎌倉幕府滅亡後の社会や政治を批判した「二条河原の落書(らくしょ)」も、中国の童謡に近いといえる。

さて、歴史記録にみえる最古の童謡は、紀元前八世紀、周王朝の滅亡をうたった童謡で、春秋時代にも受け継がれた。しかし、童謡が隆盛を極めるのは漢代で、それが後漢末になると熒惑の神秘性と一体化し、その予言性をいっそう高めていく。

「童謡は熒惑の精の妖言(ようげん)である。なぜなら熒惑は火星、火も童子も言葉も、陰陽では陽に分類されるからだ」、そう明言したのは後漢の思想家王充（二七年?〜?）である。王充といえば、当時の神秘的な考え方をことごとく「虚妄（でたらめ）」と断じたことで知られ、漢代合理主義の思想家として名高い。その王充が、「童謡は熒惑の精が童子にうたわせている」、「童謡は童子の口から発せられるものではあるが、童子の作ったものではなく、陽気（熒惑の気）がもたらしたものである」（『論衡』）と、熒惑の神秘性と童謡の予言性を認めている。このことから、童謡は熒惑の精のなせる業だとする熒惑観は、後漢末には広く受け入れられていたということがわかる。

ここに、童謡とは熒惑の精が童子となって地上に舞い降り、天の意志を代弁する予言の歌として定着し、擬人化された「予言者」へと変貌を遂げ、熒惑は天が地上の政治に感応してもたらした天変として生まれ変わった。すなわち、童謡とは熒惑から舞い降りた童子による「予言」であり、天が童子を介して天意を地上に届け譴責しているというのである。

熒惑の精が降臨してうたう童謡の例をあげよう。

呉の孫休（第三代景帝。二五八〜二六四年在位）の永安三年（二六〇）、子どもたちが遊んでいると、とつぜん六・七歳の異様な青い服を着た男児が現れた。その眼は爛々と輝き、まるで人を射るようだ。「僕は人間じゃないんだ。火星の精なんだ。君たちに知らせることがあって来たんだよ」という。そして、怖がる子どもたちに「三公、司馬に帰さん」と告げると、身を翻しておどり上がった。仰ぎ見ると、細長い白い絹が天に昇って行くのが見えた。つぎつぎと駆けつける大人たちの目にも、一枚の白い絹が天高く舞い上がっていくのが見えたが、やがて視界から消えてしまった。
　それから四年後、まず蜀が亡び、六年後には魏が帝位を廃され、二一年たって呉が平定され、司馬氏に天下を奪われた。これぞまさしく、かの火星から来た男児のいった「三公、司馬に帰さん」である。三公、すなわち魏・呉・蜀の三国はいずれ司馬氏（晋）に帰属するであろうとの天のお告げである（『捜神記』）。

　孫休の死後、二三歳で即位した第四代皇帝孫皓（二六四～二八〇年在位）は、小心者に特有の、粗暴で執念深い性質で、帝位についたとたんに驕慢となり、女色と酒にふけった。また、孫休の四人の息子を軟禁し、上の二人を殺害した。

　甘露元年（二六五）、孫皓は建業（現在の南京）から武昌（現在の武漢）に遷都した。揚州（長江下流）の民は、都へ物資を納めるためにはわざわざ長江をさかのぼらねばならず、孫皓の失政・暴政に憤った。孫皓の錯乱した政策がいかに民を苦しめているかを察知した大臣陸凱は、すぐに寛容な統治に改めるように訴え、陸凱がみずから耳にした童謡を取り上げ、武昌に遷都したことのまちがいを諫めた。

　建業の水を飲んで暮らそうとも
　武昌の魚は食うまいぞ
　建業に戻って死のうとも

武昌にだけは居るまいぞ

陸凱はいう、「童謡は熒惑が妖をなしたもの、すなわち天の御心(みこころ)から発したものです。その童謡が、武昌に遷都することは死を意味するというのです。天は民の苦しみを知りつくしているのですから、天の意(童謡の真意)は明白です。主上が天の意を理解しなければ、かならず災禍が降りかかり、天下を失うことになるでしょう」と(『三国志』呉書)。

しかし、孫皓は童謡がうたう「天の意」を理解できずに民の苦しみを無視した。それから二か月後、建業に都をもどしたにもかかわらず、天紀四年(二八〇)、ついに呉は滅亡した。天が熒惑の妖を介して童謡で孫皓を譴責したにもかかわらず、童謡から何も学ばず暴政を悔い改めることがなかったので、天はついにその国を滅ぼしたというのである。董仲舒の災異説はここにも息づいている。

◈地異――水害

最古の漢字字典のひとつ『説文解字(せつもんかいじ)』に、「政とは正である」、「治とは水を治めることである」とあるように、そもそも「政治」とは「正しく水(河川)を治めること」をいう。河川による水害を未然に食い止め、農作物の被害を防いで経済的安定を確保し、民の安心安全を保証すること、これが本来の「政治」の意味するところである。そして、不幸にして「正しく水(河川)を治めること」

ができなかったときには、すみやかに被害の実情を把握し、手厚い救済措置を取って社会を安寧に導くだけでなく、「政治」の不備を民に明らかにすることが求められる。

中国においては太古より河川の氾濫による水の被害を防ぐことは最大の政治課題であった。それは洪水伝説に彩られた神話や伝説が如実に物語っている。太古、共工が山を崩して谷を埋め、河川を堤防で塞いだために中国は洪水に見舞われたといわれ、また堯（ぎょう）のときに鯀（こん）が同じようにして洪水を引き起こしたという。同じ轍（てつ）を踏まないようにと、自然の摂理に沿う治水によって洪水を防ぐことに成功したのが禹（う）である。

堯のとき、河川が逆流して国中が氾濫し、洪水が低地のみならず高地にまで押し寄せ、住居も田地も水につかった。そこで堯は禹に洪水対策を命じた。禹はそれまでの堤防による防塞（ぼうさい）策ではなく、土地を掘削（くっさく）して水の流れを変え、氾濫する河川の水を海に流出させる浚渫（しゅんせつ）工事によって成功に導いた。今ある長江も黄河も、そして淮（わい）水や漢水も、そのときにできたものだという。

古代中国の為政者もまた、積極的に治水事業を推進しながらも、その一方で、人為的営為をあざ笑うかのような天変地異の脅威に対して、人間の叡智を越えた力の存在を認めざるをえなかった。しかし、「水害は自然災害だから仕方がない」では、水害で生活を破壊された者は救済されることもなければ、納得することもできない。古代中国人は、水害もまた、天が人間界へ警鐘を鳴らしているとし、為政者が自然の猛威を「正しく治める」ことができなかった責任を追及し、天禍の犠牲となった民の代弁者的役割を天に担わせた。

戦国時代、水害・干害・風霧雹霜の害・疫病の害・虫害は、甚大な被害をもたらす「五害」として恐れられた(『管子』)。それらはいずれも地異に属し、「五害」を正しく治めた者だけが国を治める資格があるとされた。五害の内、最も深刻なものが水害で、そのためには河川が氾濫しないように日常的に監視を怠らないこと、そして、常に万が一に備えておくことが必要で、下水道を作って大きな川に導くことや、排水路や堤防を作って備えることなど、水害を防ぐ具体策が提言されている。

治水が政治の原点であるというのは、水害は単なる自然現象ではなく、とりもなおさず失政の結果と認識されたからである。水害の責任が為政者にある以上、その政治的責任は追求されなければならない。

漢代になると、水害の原因は自然の摂理に反する政治、すなわち間違った政治が陰陽のバランスを崩したことにあると解され、そのつど政治責任が厳しく追及された(以下『漢書』五行志・溝洫志)。

高祖(前二〇六～前一九五年在位)が崩御すると恵帝(前一九五～前一八八年在位)が後を継いだが、天子とは名ばかりで、政権は実質的に呂太后に委ねられ、恵帝の死後は呂太后が政権を掌握し、外戚呂氏一族が専断を極めた。自然はそれに呼応するかのように、太后称制三年(前一八五)夏、大水が出て四千余戸が流され、翌年の秋にも千六百余戸が流失する被害が出た。さらに太后薨御の年(前一八〇)には六千余戸が洪水で流され、続いて沔水が溢れて一万余戸が流された。一連の洪水は、陽(天子)が執るべき国政を陰(女帝)が奪い、呂氏一族が政権を独占したことに天が天譴を下したのである。

元帝（前四八～前三三年在位）即位の初元元年（前四八）九月、黄河の支流が決壊した。これをきっかけに郡国一一か所で大洪水が発生し、その年の凶作も重なって人が相食む惨状が報告された。元帝は詔を発して、「近ごろ陰陽の不調で民が飢えや寒さに苦しんでいるのは、もっぱら自分の徳がなく国をしっかり治められていないことによる」と、水害の責任を表明している。そして、宮殿の修復事業を取りやめ、馬や肉食獣の飼育を禁止して財源の節用を命じ、財源を救済にあてるよう命じた。

元帝は水害を天の譴責として受け止め、厳しく自戒し、政治の過誤を正して統治者としての責務を全うしようと努めた。だから、元帝は天がそれを評価してくれるはずだと思ったことだろう。しかし、元帝は天の真意を理解していなかった。

実は、水害の原因は石顕という宦官（去勢された官吏）にあった。石顕は病気がちの元帝にそば近く仕えて信任を得、中書令（秘書長官）となるや、一気に権力を掌握して不義不正をくり返し、賄賂によって巨万の富を築いた。元帝がそれに気づかず、陰（宦官）が陽（天子）を犯す過失を放置したため、天が石顕の専権に警鐘を鳴らし元帝の不明を譴責していたのである。

永光五年（前三九）、諸国で夏も秋も大雨が降り止まず、多くの民家を水没させ人命を奪った。足元の宦官の邪心を見抜けなかった元帝への譴責である。このときも元帝はすぐに経費節約を命じて被害に遭った難民救済を最優先としたのだが、石顕の旧悪がことごとく暴露され、家族ともども流刑に処されたのは、元帝崩御後のことであった。

元帝の後を継いだ成帝（前三三～前七年在位）も水害に苦慮した。建始四年（前二九）秋、黄河が決壊して四郡三二県が濁流に飲み込まれ四万戸が浸水した。幸い一か月余りで堤防を完成させて収束したが、この大水害で民の不安はつのり、各地で「ここも洪水に襲われる」との噂が飛び交って大混乱に陥った。

翌年、成帝は「河平（かへい）」と改元した。この元号「河平」はこの先も黄河が平穏であることを願ってつけたのであろうが、その願いもむなしく、河平二年（前二七）、再び黄河が決壊した。その被害は二年前に半ばするほどであったという。ここでも成帝はすぐに専門家を派遣し、半年かけて治水事業にあたらせた。

ところが、一〇年後の鴻嘉（こうか）四年（前一七）、またもや黄河の水が溢れて大規模な水害が発生した。今回の水害による被害は前回の数倍で、まずは被害者救済と治水対策とが協議された。しかし、なぜこうも水害が立て続けに起きるのだろうか。その原因を突き止めようと、成帝は広く学者に直言を求めた。

ある者はいう、「治水事業に貢献した者を顕彰するのは悪いことではない。しかし、過度の顕彰は功績主義を生み、結果的に急場しのぎの突貫工事となって、根本的な治水はできない。腰を据えて自然の流れを観察し、自然に逆らわない対策を考えるべきだ。そもそも陰の気が盛んになると水の勢いが増し河川が溢れる。盛んになりすぎた陰をもとに戻すことを考えるべきである」と。

また、ある者はいう、「古来、黄河は常に濁っているもので、王道が廃れると水が澄んだり涸れたりする。今、黄河が溢れて決壊したことは異の大なるものである。異を除くためには、まず真っ当な政治をすることである」と。

成帝は元帝の皇后王氏の長子である。王皇后は元帝に愛されなかったうえに、その子（後の成帝）は皇太子となったものの酒浸りで元帝から疎んぜられ、一時は後継さえ危ぶまれた。しかし、王皇后は弟王鳳と画策し、かろうじてその危機を脱した。

ところが、成帝は即位したものの政治の舞台から逃げて夜な夜な放蕩したあげく、すでに皇后となっていた許氏を廃位し、入れあげた踊り子趙飛燕を皇后につけたのである。

政権は太后となって君臨した王太后と外戚王氏の掌中にあった。ことごとく高位についた王太后の一族は、ごろつきやならず者を抱え込み、脅迫と盗賊まがいのことをさせて金品を集め、天子をしのぐ華美な生活をしていた。

王太后と外戚王氏一族の権力独占は、陰と陽との逆転にほかならない。自然の法則に反する現象である。「陰気が盛んになりすぎると水は増長し河川が溢れる」とはこのことである。水害は天の下した「異」であることを察知せず、陰（王太后と呂氏一族）の専権を見て見ぬふりをする成帝、陽（天子）としての責務を果たさなかった成帝には、天の配剤であるかのように後継者が育たず、ついに漢王朝滅亡へと導いた。

度重なる水害もまた失政がもたらした天変地異のひとつだということである。

ところで、『周易』に「上は天文を観測し、下は地理を推察する」とある。地理（地上）も天文と同じように観察しなければならないというのだが、占術の対象はもっぱら天文であった。六世紀、梁の時代に『地鏡』や『地鏡図』という地理の占書が生まれているが、天文現象による占書が戦国時代から漢代にまとまっていたことを考えると、かなり遅い出現である。

天変が人々に精神的不安をもたらす脅威であったことはまちがいない。とはいえ、日食も月食も、惑星の異常運行も、はたまた彗星や流星の突然の出現消滅も、それらが日常生活に実害をもたらすことはない。しかし「地理」における災異の害はその比ではない。とりわけ地震は今の科学をもってしても予測できない脅威である。大地が揺れ動くことじたいが人々を恐慌におとしいれ、多くの人命を奪うばかりか、収穫に打撃を与えて経済を破綻させ、日常生活すら不可能にしてしまう。

◈地異——地震

天変地異を天の譴責とする災異説にとって、地震は最も説得力のある凶事であったはずだが、地震は政治の不正や不合理に天が示した天譴であるとする考えが定着するのは、実は後漢の和帝（八八～一〇六年在位）以降のことである。

前漢二百年の間に起きた地震記録が二四回（王莽のときの二回を加えても二六回）であるのに対して、後漢二百年の地震記録は前漢の三倍以上にのぼる。和帝六回、安帝二六回、順帝一二回、桓帝一八回、霊帝九回、献帝六回など、異様な多さである。その中からいくつかの例をとおして後漢の地震観をみてみよう（以下『後漢書』五行志四）。

和帝は章帝と梁貴人の間にできた男児である。章帝の皇后竇氏は子に恵まれなかったために、章帝は宋貴人との間に生まれた男児を皇太子とした。それに嫉妬した竇皇后は、宋貴人を自殺に追いやって皇太子を廃し、梁貴人を幽閉してその子を自分の子として養育した。これが和帝である。わずか一〇歳で和帝を即位させた竇皇后は皇太后として君臨し、兄の竇憲を大将軍にすると、次々と一門の者を要職につけて政権をほしいままにした。

和帝の永元四年（九二）六月に地震があった。これは「女主が盛んとなり、臣下が政治を牛耳れば、大地が動いて裂け、河畔が振動して山が崩壊する」との占いに一致する。三年後の永元七年（九五）九月、またもや地震が起きた。地震の五日後、和帝は竇氏一族を自殺に追い込み、「臣下」から政権を奪還した。

ところが、和帝が崩御すると、今度は和帝の皇后鄧氏が暗躍する。鄧氏は竇太后の支配下から脱するために宦官を抱き込み、宦官の協力を得て生後百余日の我が子（殤帝）を即位させ、政権を外戚竇氏の手から奪い取った。これを機に、宦官が一挙に勢力をつけたことはいうまでもない。この地震は、「陽であるのに婦人（陰）のようになった宦官が権力を握ることで起きた」と解説する。すなわち、和帝期の地震は、「女主」竇太后や「臣下」竇憲、そして宦官の壟断という、陰が暗躍して陽（天子）を駆逐したことが原因で起きたと記録される。

その殤帝が一歳で死去すると、鄧皇后は清河王慶（竇皇后によって廃太子となった宋貴人の子）の子を擁立した。安帝（一〇六～一二五年在位）である。鄧皇后はこの幼帝に代わって政務をとりおこなうためと称して太后に君臨し、兄の鄧騭（とうしつ）を大将軍にして、外戚鄧氏による政権の足場を固めた。

安帝永初元年（一〇七）、すなわち即位翌年に一八の郡国で地震が起きた。在位二〇年間に発生した地震が二六回という、異常なほどの多さが人々に不安を与えないはずはない。安帝期の地震は、「大地は陰である。大地は安定しているはずなのに、陰がその職分を越えて陽の政事を専断している。だから天がこれに応じて警告を発し、大地を震動させたのである」と解説する。

そもそも天は動、地は静である。これが天地の正常な姿である。それなのに地が動くのは、自然の摂理に反して陰が陽に取って代わろうとしていることへの警告である。地震は皇后や皇太后、外戚や宦官が天子から政権を奪い陰謀を企てていることへの天譴として解説される。すなわち、陰である皇后・皇太后・外戚・宦官が、陽である天子をしのぐ権力を掌握し政治を混乱におとしいれることの非を天が譴責しているというのである。

◈天変地異とどう向き合うか――天変地異は運命なのか

儒教の経典『尚書』に、「天道、善に福（さいわい）し淫（いん）に禍（わざわい）す」とある。地上の政治が正しく行われているなら天は人々に幸福をもたらし、政治が誤れば天は災禍をもたらすという意味である。これを個人に引き寄せていえば、天は善意・善行のある者にはかならず幸福をもたらし、悪意・悪行を止めない者にはかならず災いを下すということになる。この考え方は、天の有意性を理論化した災異説と軌を一にするものである。

では、天は天変地異から善人を救ってくれるのだろうか。もし天が人間界を監視して禍福を下すことができるなら、優れた人格者が災害に見舞われて命を失うこともないし、逆に悪逆非道な人間が天の報いを受けることもなく天寿をまっとうしたりするような不合理があるはずがない。しかし、現実はかならずしもそうではない。むしろその逆のことも多い。

司馬遷（前一四五?～前八七?年）は、人の道に外れたことを平気でする者が富み栄え快楽にふける一方で、善良な人間が災禍に遭遇して悲嘆にくれる現実を直視し、「天道、是か非か（そもそも天道は正しいのだろうか、それとも間違っているのだろうか）」（『史記』）と、天の有意性に疑問を投げかけた。

逆に天の有意性を否定するなら、このような理不尽な現実はいかに説明することができるだろうか。前出（一七ページ）の思想家王充は、それを「運命」だと突き放す。

王充は、万物は天の意志の所産ではなく、物質的な陰陽二気の離合集散の結果として生成されるのであるから、天人相関思想は根拠のない神秘主義にすぎないと否定する。王充によれば、個々人の寿命も幸不幸もすべて遇不遇、人が生まれ落ちたときにすでに持ち合わせる「命」によって定まっており、それは人間的努力の及ばないことであるということになる。自然災害もまた同じである。すなわち、天とは自然そのもの、無為であるから、天が人間界の政治の善し悪しを判断して災害や異変をもたらすなどあるはずがない。人が災害に遭遇するのもしないのも政治の善悪にはまったく無関係、初めからそういう巡り合わせでそうなるのだということになる。

なるほど天変地異は身分の差や貧富の差なくすべての人間に平等にふりかかり、しかも、助かる人と助からない人とがいるのが現実である。それは、その人に徳がないから助からなかったのでもなければ、徳があったから助かったのでもない。

では、それを各人が生まれもった運命であるといって、それでわたしたちは納得できるだろうか。災害に見舞われるのはその国の運命、災害で命を落とすのはその人の運命だといわれても、災害や異変に対する不安や恐怖が解消されるわけではないし、それで納得できるはずもない。頭では王充のように合理的解釈ができたとしても、心の方はついていけない。

とはいえ、自然の猛威に対して無力なわたしたちは、多くの自然災害を「自然の一形態」と受け入れるほかない。では、わたしたちは頭と心にどのように受け入れているだろうか。受け入れるとは、仕方がないと諦めることではないはずだ。

今、世界は異常気象に見舞われている。立て続けに起きる大地震、大雨による河川の氾濫や土砂崩れ、ゲリラ豪雨や鉄砲水、大型台風の上陸、「命にかかわる」酷暑、秋になっても続く猛暑……と、いずれも物的被害をもたらすだけでなく、多くの人命をも奪っている。

天変地異は日本だけではない。想像を絶する地震の被害は東日本大震災だけではない。世界各地で地震が発生し、大型台風が猛威を振るい、山火事が発生し、火山の爆発や津波が襲い、街や村が水没するほどの豪雨のニュースが後を絶たない。その一方で、湖や河川が干上がって加速度的に砂漠化が進んでいる。また、南半球が猛烈な熱波に苦しんでいるかと思うと、北半球では極寒に襲われていると伝えられる。いつもどこかで天変地異が起きているのに、為政者は自然の猛威になすすべを知らない。ただただ圧倒されるだけで、まったく無力である。

近代科学はこれを環境破壊による地球温暖化で説明するが、環境破壊とはひとえに人類のもたらしたもの、自然界と人間界との調和を無視した近代政治の負の遺産であることは周知の事実である。異常渇水、水害、山崩れ、土石流等々、被害が発生するたびに無計画で無節操な「開発」が指摘されるように、自然災害とはまさに貧困な政治がもたらした結果であることは火を見るより明らかだ。にもかかわらず、わたしたちの間には「天災には勝てない」という諦観が蔓延している。為政者もまた、「自然災害は誰のせいでもない、ましてや政治的責任などであるはずがない」というかのようだ。

わたしたちは社会の「進歩」と「発展」を理由に、大切な事実から目をそらしているのではないだろうか。高速道路やゴルフ場は国や地域の経済発展と活性化のために欠かせないとか、車や飛行機は貴重な時間を省いてくれるのだから自然を破壊し二酸化炭素をまき散らしても仕方がないと自分で自分に言い聞かせていないだろうか。また、これほど危険な原子力発電所も、そして放射性廃棄物も子孫に途方もないツケを回しているのに、それがなければ今の快適な日常生活は維持できないと思い込んでいないだろうか。経済が停滞するという理由で、問題を先送りにしているだけなのではないだろうか。

災異説は非科学的だと一笑に付すのはたやすい。しかし、冷静に考えれば、それは天変地異を運命として諦めるのではなく、天変地異と向き合ってその原因を見極め、そこに潜(ひそ)む政治の不備を糾弾し、誰もが幸せに生きることに積極的であろうとする人間の知恵の結晶であることがわかる。同時に、「自然界と人間界との調和」という理想を、けっして経済を理由に放棄してはならないという、歴史の教訓ではないだろうか。

【参考文献】
『アジア遊学29 予言の力』勉誠出版、二〇〇一年
串田久治『儒教の知恵』中公新書、二〇〇三年
串田久治『王朝滅亡の予言歌——古代中国の童謡』大修館書店、二〇〇九年
直江清隆・越智貢編『災害に向き合う』岩波書店、二〇一二年

「大地震動」は吉祥——仏教

邢　東風

◈はじめに

中国では紀元前より千数百年にわたり儒教が圧倒的な力で政治や人びとの生活を支配していた。しかし、実社会では厳しい法律で民を治める法家思想が機能しており、また、儒教的教養を身につけた人びとの多くは、老子や荘子の世界に心の安らぎを求めていた。

そのような中国に仏教が伝わったのは、儒教が国家統一の原理であった後漢時代だといわれており、一世紀、明帝（五八～七五年在位）の時代にはインドや西域から仏教僧が洛陽を訪れ、仏典をもたらした。三世紀になると、サンスクリット語の仏教経典が漢訳されはじめ、四世紀には西域から鳩摩羅什（くまらじゅう）（三四四?～四一三?年）などの高僧が渡来し、中国における仏教普及に貢献した。そして、五世紀ごろには『華厳経』や『法華経』、あるいは『涅槃経』などの仏典が次々と伝来し、広く中国人の間で仏教が信仰されていた。日本でも有名な杜牧の詩「江南の春」に、

南朝　四百八十寺
多少の楼台　烟雨の中
(南朝の昔に建てられた四百八十もの寺院があり、その名残の寺塔が春雨の中に煙っている)

と詠まれたほど、当時の都建康(現在の南京)には多くの寺院が建立され、僧侶や尼僧が生活していた。

なぜ中国で仏教が広まったのだろうか。これにはさまざまな外的・内的要因があるが、中国固有の儒教や老荘思想では納得できない中国人が、異国の仏教に精神的よりどころを求め、仏教が彼らの心の支えとなったことがひとつの内的要因であると考えられる。

そして、その仏教において地震はしばしば吉祥として語られる。ここではそれを漢訳仏典に沿ってみてみよう。

◈大地震動

仏典には地震に関する記載が少なくない。仏典では地震を意味する言葉は二つある。ひとつ

は「大地震動」、もうひとつが「地震」である。

「大地震動」とは、仏・菩薩・大梵天王、あるいは道を得た者によって起こされる地震を指し、この種の地震は宗教的な意味を付与されている。後者は単に「地震」とよばれる普通の地震で、宗教的な意味はほとんどない。ただ、仏典においてこの二つの言葉が厳密に区別されていたのかというと必ずしもそうでもないが、両者はそれぞれの意味が微妙に異なる場合が多い。頻度からみれば、「大地震動」の記載が比較的多く、「地震」の記載は少ない。そこで今は「大地震動」の記載を検討してみよう。

「大地震動」に関する記載は、すでに早期仏教の経典にみられる。たとえば、いわゆる「過去七仏（仏教の開祖である釈尊とそれ以前に生まれた六人の仏陀）」のことを語る『仏説七仏経』には、七仏のひとり毘婆尸仏が生まれたときに発生した「大地震動」について次のような記載がみえる。

> 毘婆尸仏はもともと兜率天にいたが、閻浮提へ降りて母胎に入って住み、そこから光明を放った。彼が母親の右脇から生誕したとき、大地が震動し、金色の体が再び輝き、すべての世界を照らした。

ここでは「大地震動」は毘婆尸仏の生誕に伴う不思議な現象として描かれている。仏教の世界観では、われわれの世界は、その中心に須弥山という大きな山が位置しており、須弥山の周辺に、東西南北にそれぞれ部洲（大陸）があり、南の閻浮提（南贍部洲ともいう）は人間が住むところに相当する。大地の上には天空が多くの層をなしており、その中の兜率天は欲界（淫欲と食欲がある衆生が住む世界）の第八重天である。

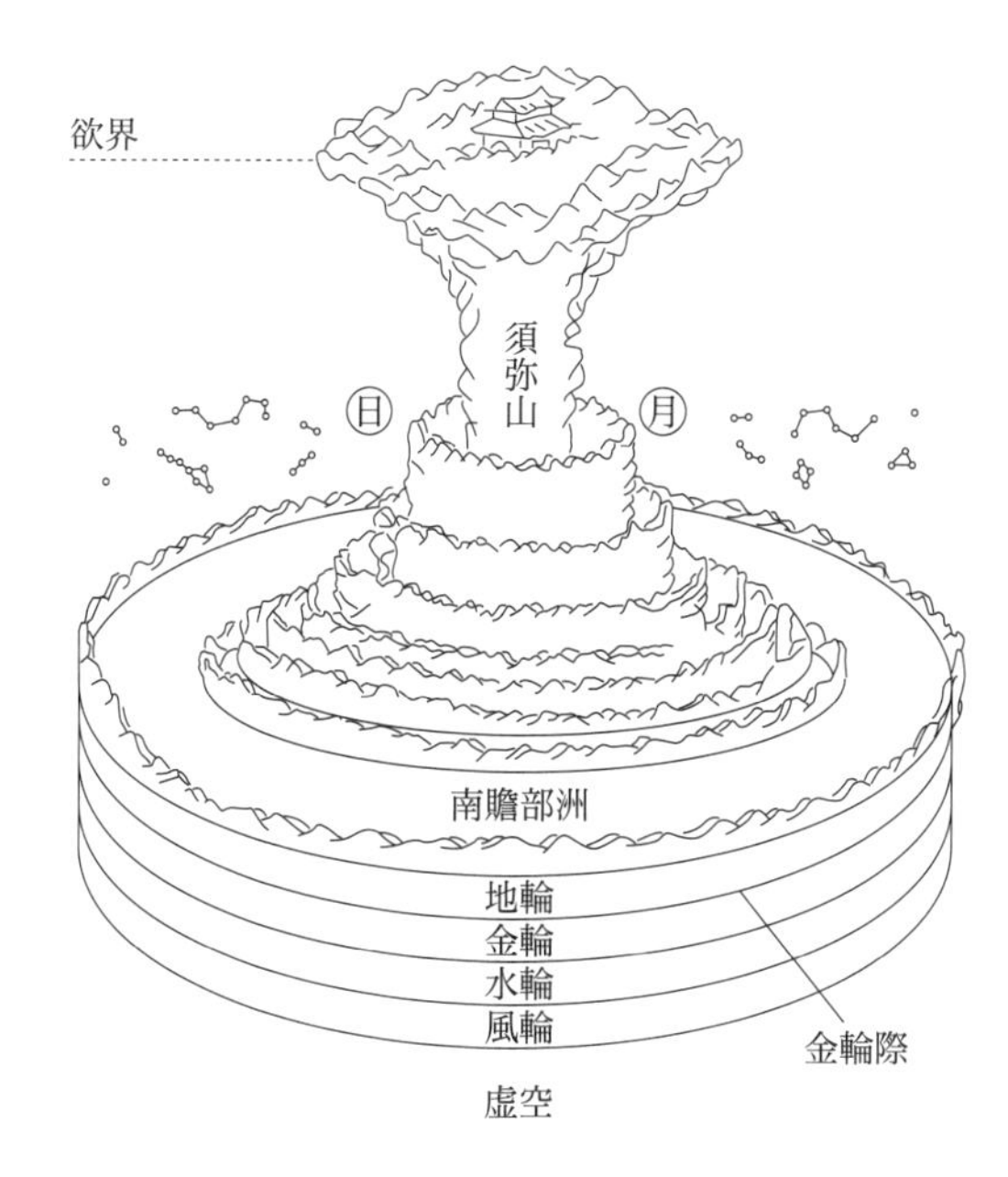

仏教の世界
仏門網「図解仏教的“世界説”，以須弥山為中心是一個小世界」http://www.fomen123.com/fo/fojiao/yuzhou/9564.html より作成。

毘婆戸仏は過去七仏の中で最も古い仏とされ、その彼が生まれて地震が起き、同時に光明を発して世界を照らし出したというのは、いかにもその生誕を祝福して大地が震動したかのようである。

この毘婆戸仏については『長阿含経』巻一にもみられる。それによれば、毘婆戸菩薩（毘婆戸仏は成仏する前は菩薩であった）が兜率天から降りて母胎に入ったとき、また、母胎から生誕したとき、いずれの場合も大地が震動して「光明普照」となり、三千世界（あらゆる世界・全宇宙のこと。三千大千世界ともいう）を照らして衆生（感情・意識をもつもの、とくに人間や動物などの生命体をさす）を悟りに導いたという。

阿含部は早期仏教の経典であるから、仏の生誕による「大地震動」の説話が早期仏教の時代にすでに形成されていたことを意味する。なお、これに類似した説話は後の大乗仏教の経典にもよくみられる。「大地震動」を仏の生誕に伴う現象とするのは、地震をありがたいこと、つまり吉祥とした考えにほかならない。

「地震は吉祥である」というのは、およそ私たちの常識では思いもよらない解釈としかいえない。そのような解釈がなぜ生まれたのだろうか。

◈地震の原因 一「八因縁」説

地震はなぜ起きるのか。仏典では地震の原因を「八因縁」説と「三因縁」説という二つの説で解説している。
「八因縁」とは地震を引き起こす八種の原因を指す。この説は阿含部の経典にみられる。たとえば『長阿含経』巻二によれば「八因縁」は以下のようなものである。

第一の因縁。大地は水の上にあり、水は風にとどまり、風は空中にとどまり、空中ではときどき強風が起こる。すると強風に吹かれて水が激しく動揺し、水が動揺することによって大地が大きく震動することになる。

第二の因縁。道を得た僧侶、あるいは天上の神々が、水が多く大地が少ないことをみて、自分の力を試すために大地を震動させることがある。

第三の因縁。菩薩が兜率天から母胎へ降りるとき、精神を集中して乱れさせないようにと大地を震動させる。

第四の因縁。菩薩が母胎から生誕したとき、母の右脇から生まれたので、精神を集中して乱れさせないように大地を震動させる。

第五の因縁。菩薩がはじめて無上正覚（むじょうしょうがく）（最上の悟り）を開いたとき、大地が大いに震動する。

第六の因縁。仏がはじめて成道（じょうどう）（悟りを開くこと）し、最高の仏法をあらゆる世界に広めると大地が震動する。

第七の因縁。仏がなくなる直前、精神を集中して乱さないまま命を落とそうとすると、大地が震動する。

第八の因縁。如来(真理を悟った者の意、仏の別称)が無余涅槃(すべての煩悩を断ち心身ともに清浄になった状態)に入ったときに大地が震動する。

このように、第一は風力の作用によるもの、第二は僧侶や天神などの力の影響によるもの、第三は菩薩が大地へ降りるときに引き起こしたもの、第四は菩薩が母胎から生まれたときに引き起こしたもの、第五は菩薩が悟りを開いたときに引き起こしたもの、第六は仏が始めて悟りを開き説法するときに引き起こしたもの、第七は仏が寿命を終えようとするときに引き起こしたもの、第八は仏が涅槃に入るときに引き起こしたもので、これを「八因縁」という。

また、『増一阿含経』巻三七には次のように「八因縁」を説明している。

第一の因縁。大地の下に水があり、水の下に火があり、火の下に風があり、風の下に金剛輪(金属で構成された、円盤のような地下の深層)がある。風が吹くと火も動く。火が動けば水が動き、水が動くと大地が大動する。

第二の因縁。菩薩が兜率天から降りて母胎に入るときもまた大地が動く。

第三の因縁。菩薩が母胎から出るときに天地が大動し、大地が動く。

第四の因縁。菩薩が出家して道を修め、無上正覚が成就すると天地が大動し、大地が動く。

第五の因縁。如来が無余涅槃に入って亡くなるとき天地が大動し、大地が動く。

第六の因縁。優秀な修行僧は自在に変化する。たとえば、自分の身体を多数に分けたり、またひとつに戻したりし、虚空を飛び、石壁を通り、自由に出たり入ったり、大地を観察しても大地のことを考えずに空（くう）の真理を完全に理解する。このときも大地が大動する。

第七の因縁。天神たちはさまざまな神徳をもっているので、亡くなってもまた生き返り、帝釈天（たいしゃくてん）や梵天王（いずれも仏教の守護神）に生まれ変わる。このときも大地が大動する。

第八の因縁。衆生の滅亡に伴って諸国が攻めあい、飢饉や戦争による死者がたくさん出るとき、天地が大動し、大地が動く。

ここで説かれる八種の地震の原因は、先にみた『長阿含経』の「八因縁」と多少の差異はあるものの、八分類が一致しているだけでなく、その多くが類似している。第一は風の動きによるもの。大地は水の上にあり、水は火の上にあり、火は風の上にあり、風は金剛輪の上にあるので、強い風が起こると、火の動きが引き起こされ、その火の動きが水を動かし、水の動きが地震を引き起こすというのである。第二は菩薩が兜率天から降りることによって起きる地震、第三は菩薩が母胎から生まれることによって起きる地震、第四は菩薩が最高の覚悟を成就したことによって起きる地震、第五は如来が涅槃に入ること（寂滅）によって起きる地震、第六は僧侶の超能力によって起きる地震、第七は天神による地震、第八は諸国間での戦争による地震である。

さらに『大般涅槃経』巻上にも「八因縁」について記載がある。経文の説くところでは、世尊（釈迦の尊称）が入滅する直前、自らの「神力」でその寿命を三か月延ばした。そのとき、大地に一八種の動きが起こり、天鼓が自ら鳴った。阿難（釈迦の十大弟子のひとり）は恐れ、「なぜこんなことが起きるのでしょうか」と世尊に尋ねた。それに対して、世尊は次のように答えた。

阿難よ、大地震動には八因縁があるのだ。

一、大地は水によってとどまり、水は風輪（大地の下にある空気の層）によってとどまり、風輪は虚空にとどまり、空中はときどき狂風が起きて風輪を吹き動かし、風輪が動くと、水も動く。水が動くと、大地も動く。

二、一部の僧侶と在家信者は、神通（超能力）を修めて不思議なことができ、その超能力を試してみようとするので大地が動く。

三、菩薩が兜率天から降りて母胎に入ったときに大地が動く。

四、菩薩が母親の右脇から生誕した際に大地が動く。

五、菩薩が王宮を離れて出家し、道を修めて一切種智（完全な悟りの智慧）を習得したときに大地が動く。

六、如来が成道して人びとのためにはじめて説法した際に大地が動く。

七、如来が亡くなる前、神通力を用いて自分の寿命を延長させるときに大地が動く。

八、如来が涅槃に入るときに大地が動く。

ここに説かれる「八因縁」は、先の『長阿含経』の記載と近似しており、自然の風の動き以外の地震の原因は、いずれも僧侶の「神通」や菩薩、および仏の神力などによるものである。

◈地震の原因＝「三因縁」説

次に「三因縁」について、これは地震を引き起こす三つの原因を指し、阿含部と涅槃部の両経典にみられる。たとえば、『中阿含経（ちゅうあごんきょう）』巻九に、世尊は弟子の阿難に対して次のように「三因縁」を説いている。

阿難よ、「三因縁」があるために大地が震動するのだ。大地が大いに震動するとき、四面から大風が吹き起こり、四方に彗星が現れ、家屋もすべて破壊される。「三因縁」とは何か。阿難よ、この大地は水の上にとどまり、水は風の上にとどまり、風は虚空に依拠している。阿難よ、空中ではときどき大風が起き、風が起きると水がかき乱され、水が乱されると大地が動く。これを第一因縁という。

また、阿難よ、僧侶と僧侶を守る天神たちは、大いなる思惟（しゆい）能力や威徳（いとく）や威力などをもち、心は自由自在である。彼らは大地を小さくみせ、水を無数のものにして、この大地を意のままに何度もかき乱す。すると大地が動く。これを第二因縁という。

さらにまた、阿難よ、かりに如来がもう長くは生きられず、三か月後は涅槃に入ることになっているなら、大地はこれによって大震する。これを第三因縁という。

地震を引き起こす第一の原因は大風、第二の原因は僧侶・天神のもつ自由変化の能力、第三の原因は如来が涅槃に入ることで、地震が起きるときには強風が起こり、彗星が現れ、家屋が倒壊するという。

また、涅槃部の『般泥洹経』巻上にも「三因縁」の記載がある。

第一に、大地は水に依拠し、水は風に依拠し、風は空に依拠しているので、大風が起きると水がかき乱され、水がかき乱されると大地が動く。

第二に、道を得た沙門（修行僧）や天神が自分の感応能力を現そうとすると大地が動く。

第三は、仏の力によるものである。私が成仏した前も後も大地が動いた。あらゆる世界で感応しないものはなかった。天神も人間も鬼神も仏法を聞いてよく理解した。

ここで説かれる地震の原因は、第一に風力の作用、第二に僧侶の感応力、第三に仏の法力、いずれもすべてのものを変化させる能力である。

この三因縁のうち、第三の仏の法力は「神妙自然法」とよばれ、とくに不思議なものとみなされている。では、なぜ仏の法力が地震を引き起こすのか。それは、仏は長い年月を経て功徳を積み重ねたため、すべてのことがわかり、すべてのものがみえ、入らざるところはなく、変化させざるものなき能力をもつようになったからだという。

◈「八因縁」説と「三因縁」説の共通点

このように、「八因縁」説と「三因縁」説があげる地震の原因は、多少の違いがあるとはいえ、両者には二点において通ずるものがある。ひとつは自然の原因、即ち風力の作用であり、いまひとつは、自然に起こったのではなく、仏・菩薩の「法力」、及び道を得た僧侶と天神との「神通」、あるいは感応力である。

風力が地震をもたらすとの考え方は、仏教の世界構造の理解と深くかかわっている。唐の道世（どうせい）（五九七〜六八三年）は『法苑珠林（ほうおんじゅりん）』巻二において次のように述べている。

『華厳経』によれば、三千大千世界は無数の因縁によって成る。かつまた大地は水輪（大地の下にある水の層）に依り、水輪は風輪に依り、風輪は空輪（大地の下にある最下位の虚空の層）に依るが、空輪は依るべき所がない。そして衆生は大地に暮らして安らかに住んでいる。だから『大智度論（だいちどろん）』に「三千大千世界は、いずれも風輪を基礎となす」というのである。

衆生の暮らす大地、いわゆる三千大千世界は、大地は水を拠り所とし、水は風を拠り所とし、風は空を拠り所として成り立っている。世界がこのような構造となっているため、強風が吹くと水の揺動が引き起こされ、水が揺れ動くと大地の震動が派生することになる。

仏教ではこのような世界構造の観念にもとづいて、「八因縁」説と「三因縁」説はいずれも風の動きが自然界にある最終的な地震の原因と考え解説したのである。

さて、風のほかに地震を引き起こす原因は多種多様であるが、その中の多くは、やはり仏教のいわゆる「神通」とかかわるものである。「通」とは無碍(むげ)、つまりどのような障碍をも克服できるという意味で、自由自在に進出・変化する能力にほかならない。仏教においては、「神通」に関する説として、一般に五神通(ごじんつう)(神足通(じんそくつう)、天眼通(てんげんつう)、天耳通(てんにつう)、他心通(たしんつう)、宿命通(しゅくみょうつう))や六神通(ろくじんつう)(五神通に漏尽通(ろうじんつう)を加える)などがある。それらには地震を起こすことは基本的にふくまれていない。

ところが、仏、あるいは菩薩の「神通」が地震を引き起こすと説く仏典が少なくない。たとえば、『放光般若経(ほうこうはんにゃきょう)』巻二には次のような話がある。

舎利弗(しゃりほつ)(釈迦の十大弟子のひとり)よ、菩薩は般若波羅蜜(はんにゃはらみつ)(空の真理を観察・思考すること)を行うときに、五神通および諸菩薩のさまざまな神力を備えることを念頭に置かなければならない。そうすれば天地を動かすことも、身体を無数に変え元に戻すことも、ものを自由に透視することも、どんな石の壁をも通りぬけることも、鳥のように自由に飛び水上を歩み虚空を踏むことも、水中からでも火中からでも身体を出すことも、日月に触れることも、身体を梵天（色界の一部で、欲界の上にある清い天空）にまで届かせることもできる。

ここにあげられる菩薩の「神通」は、天地を振動させ、身を分けたり合わせたり、物を透視し、石壁を通りぬけ、水面でも空中でも歩み、水火の中を自由に出入りし、手で太陽や月に触れ、梵天まで飛び上がることのできる超能力であるが、その中に地震を起こす能力もふくまれているということは注目される。地震を引き起こすことも仏と菩薩の不思議な能力のひとつであり、仏や菩薩、あるいは道を得た高僧や天神などが地震を起こすのは、「神通」という超能力をもっているからにほかならない。

以上の八因縁説と三因縁説をまとめると、ひとつは自然（風）の作用によるというもので、これは衆生の暮らす大地（三千大千世界）は水を拠り所とし、水は風を拠り所とし、風は空を拠り所としているため、強風が吹くと水が揺動して大地の震動が起こるというもので、仏教の世界構造にもとづいた解釈である。そして、いまひとつは仏や菩薩、あるいは高僧の法力・神通力・感応力によって起きるというもので、これは仏教が自然現象としての地震に宗教的な色彩を施した証といえよう。

◈地震の種類 一「六種震動」説

仏典が地震の種類について非常に詳細な分析をしているのは特筆に値する。ここでは主に「六種震動」説と「十八相動」説についてみていこう。

まず「六種震動」であるが、これはすでに阿含部の経典にみられる。『雑阿含経』巻二三には、世尊が王舎城（古代インドのマガダ国の首都。現在はラージギルとよばれ、釈迦が最も長く滞在した地として仏教の聖地となっている）にいたとき、「神力」で「六種震動」を引き起こしたようすが記されている。

そのとき、世尊は足で城門の地を踏んで六種の震動を起こした。その震動は次の偈（仏の教えや功徳をたたえる詩句）に語っているようなものである。

大海も大地も
城市でも山でも
釈迦の踏むところ
波に揺れる船のよう

仏がこのような神力をあらわすと、人びとは大声で、「ああ、なんとも不思議！　前代未聞の奇特だ！　神力をあらわした！」と叫んだ。世尊が城内に入ると、さまざまな新しいものが現れた。それは次の偈が語っている。

地下はみる間に平らかに

高地はかえって低くなる
仏の威神のゆえならん
荊棘（いばら）も瓦礫（がれき）もことごとく
消えてなくなりみえもせず
聾啞（ろうあ）の人はだれもかも
話せて聞こえるようになる
城市の楽器は打たずとも
綺麗な音を奏でてる

世尊が王舎城の城門の地面を踏んだとき、彼の「神力」の作用で、大地も海も山も城も震動した。そのようすは波の上に揺れている船のようで、低い所が埋まり高い所が低くなり、荊棘や瓦礫は消え、耳の聞こえない人は聞こえるようになり、目の不自由な人はみえるようになり、口のきけなかった人は話せるようになり、楽器は打たずとも鳴った。これらの現象は仏の「神力」の証とみなされている。

阿含部の経典は「六種震動」を説くが、それらがどのようなものであるかについては説明しない。実は「六種震動」に関する具体的な説明は、後の大乗仏教の経典にみられるものである。たとえば、鳩摩羅什が翻訳した『摩訶般若波羅蜜経（まかはんにゃはらみつきょう）』巻一には次のようにみえる。

このとき世尊は獅子座（仏の玉座）にすわって獅子遊戯三昧（仏の境地）に入り、神通力を用いて三千大千世界を感動させ、六種の震動を起こした。その六種の震動とは、東が踊り上がって西が沈下する震動、西が踊り上がって東が沈下する震動、南が踊り上がって北が沈下する震動、北が踊り上がって南が沈下する震動、周辺が踊り上がって中央が沈下する震動、中央が踊り上がって周辺が沈下する震動である。

この「六種震動」の結果、大地はどこも柔軟になり、衆生を喜ばせ、衆生を解脱させて天上へ行かせたというのである。

この経文に対して、『大智度論』巻八では、なぜ世尊は「獅子遊戯三昧」に入って三千大千世界を振動させたのか、なぜその震動は六種あるのかについて、次のように解説している。

「六種震動」は世尊の「獅子遊戯三昧」によって起こったもので、その「獅子遊戯三昧」という瞑想状態に入ればこの大地を自由自在に回転させ、三千大千世界を動かし、衆生を安んじて解脱を得させることができる。世尊がこうした方法で三千大千世界を振動させる目的は、衆生に仏の無限の「神力」を示し、大地を振動させることをとおして、人びとに日月や須弥山や海など、安定の象徴さえも変動する事実をみせ、「無常」の道理を信じさせるためである。

大地を振動させる能力は仏のみならず、阿羅漢（あらかん）（最高の悟りを得た、尊敬・供養されるべき聖者）・天神などももつが、「六種震動」は世尊にしかできない。なぜなら、「六種震動」は「具足動（ぐそくどう）」（十分に備わった震動の意）とよばれるもので、普通の地震に比べて激しく、大きさによって上・中・下に分けられ、下は二種だが、中は四種、上は六種もある。普通の有道者による地震は小さいが、仏による地震だけが大きなもので、それが「六種震動」なのである。

要するに、「六種震動」は仏だけが有する超能力の証ということになろう。

「六種震動」は華厳部の経典でも仏の不思議な能力とされる。『大方広仏華厳経（だいほうこうぶつけごんぎょう）』巻四六では、「六種震動」は仏の「十自在法（自由自在に運用できる一〇種類の不思議な能力）」のひとつ「第三自在法」として説明する。

> あらゆる仏は、虚空界にある無数の世界に六種の震動を起こすことができる。その世界を上げたり下げたりすること、拡大したり縮小したりすること、合併したり分散したりすることができる。仏が大地を震動させても、衆生に障碍や苦悩をもたらすことはない。だから衆生は疑うことも怪しむこともない。

仏のもつこの自在法はすべての世界の「六種震動」を引き起こすことができるが、仏が大地をどれほど激しく振動させても、衆生に害を及ぼすこともなければ、苦悩させることもないので、衆生は地震を恐れることがないという。

◈地震の種類 二「十八相動」説

また、「六種震動」説とつながるものとして「十八相動」説がある。「十八相動」は「十八相」ともいい、「六種震動」説を踏まえて大地の動き方や地震のようすに関するさらに細かい分類説明である。この説もまた般若部と華厳部の経典にみえる。般若部の『仏説仏母出生三法蔵般若波羅蜜多経』巻二五に次のようにある。

> 法上という菩薩が諸仏如来の無来無去（空）の道理を話したとき、三千大千世界に六種の震動があって、十八相が現れた。それは動・遍動・等遍動、吼・遍吼・等遍吼、震・遍震・等遍震、踊・遍踊・等遍踊、爆・遍爆・等遍爆、撃・遍撃・等遍撃である。このような十八相が現れた後、すべての魔宮（悪魔の住まい）が消失し、時期はずれの花や、大地のすべての花樹と果樹は、いずれも法上菩薩や帝釈天・四大天王、そして地上の天子の方に向き、空から花を散らし法上菩薩に向いて供養を捧げる。

これによれば、六種とは、動・吼・震・踊・爆・撃の震動である。それぞれの震動には三種あり、動の類は動・遍動・等遍動、吼の類は吼・遍吼・等遍吼、震の類は震・遍震・等遍震、踊の類は踊・遍踊・等遍踊、爆の類は爆・遍爆・等遍爆、撃の類は撃・遍撃・等遍撃と分類され、「十八相」の震動として現れることになる。そして、「六種震動」「十八相動」が終わると、魔宮は消え花が咲き、空中から花が散るなど、種々の祥瑞が現れるという。この「六種震動」「十八相動」もまた、法上菩薩の説法に応じて起きた吉祥である。

華厳部の『大方広仏華厳経』巻三六にも「六種震動」と「十八相動」の記載がある。その「六種震動」は東涌西没・西涌東没・南涌北没・北涌南没・辺涌中没・中涌辺没、「十八相動」は動・遍動・等遍動、起・遍起・等遍起、覚・遍覚・等遍覚、震・遍震・等遍震、吼・遍吼・等遍吼、涌・遍涌・等遍涌である。これらの震動は、いずれも仏の神力によるものとされる。

「十八相動」の名目は、上述の仏典二種で異同があるように、必ずしも統一されていない。とはいえ、全部で一八種の名目があることは変わらない。そして、「六種震動」説が主に震動の方向性の視点から地震の動きを説明するのに対して、「十八相動」説は震動の特徴を六種に分類し、さらに震動の範囲の違いによって地震を一八種に分けている。すなわち、「十八相動」説は「六種震動」よりいっそう詳細な地震の分析説明となっている。

では、そもそも「十八相動」はどのような震動を指しているのだろうか。唐の澄観（七三八〜八三九年）はその著『大方広仏華厳経疏』巻八に以下のように説明する。

地震は地下から起こった震動であり、その震動は震・動・吼・撃・起・踊の六種類に分けられる。震は震動の音を指し、動は震動の形状を指し、吼と撃とは震動の音声に、起と踊とは震動の形状にふくまれる。そして、動とは揺れ動いて不安定であること、起とは次第に高くなること、踊とはいきなり隆起すること、震とは静かな震動音のこと、吼とは震動音が強烈なこと、そして撃とは物がぶつかるような震動音である。これら六種の震動は、発生する範囲の差によって、それぞれ三相に分けられる。「動」を例にすれば、一方向に限るものは動、四方に及ぶものは遍動、八方に及ぶものは普遍動（あるいは等遍動）というように、他の五種も三相に分けられ、合計で一八種の震動（十八相動）となる。

また、澄観は「十八相動」を「天地が吉祥を現す」象徴とし、「仏の力で感応して道と交わった結果」だという。では、なぜ仏は「神力」で「十八相動」を引き起こすのか。それについても、澄観はさまざまな理由をあげている。それを大別すれば、一方では悪魔を脅かすためのもの、また他方では衆生を教化するためのものということができる。つまり、「十八相動」も仏、あるいは菩薩の「神力」の作用にほかならない。

以上みてきたように、「六種震動」説と「十八相動」説によれば、大地震動は耳や目、あるいは口の不自由な人をその苦境から解放し、人びとに無常の道理を理解させるという。要するに、地震は仏の神力の証として、どれほど激しく振動しても、人びとに被害や苦痛をもたらすことはない。これも地震が吉祥とみなされる理由である。

◈厄災と吉祥

そもそも、地震は一種の自然現象であって、良いものとか悪いものとかということはできない。しかし、地震はしばしば人類に多大な危害をもたらしたため、地震を一種の厄災とするのが一般的である。少なくとも、地震を吉祥とみなすことはないであろう。

これまでみてきたように、たしかに仏教においては一般的地震観とは違い、必ずしも地震を厄災とはみなさず、吉祥とみなすことの方が多い。しかし、仏教もまた、地震が人びとを恐怖に陥れるという事実を受け入れ、地震を厄災とする記述もある。

澄観のように、地震は悪魔を脅かして抑える役割を担っているとする地震観は、他の仏典にもみられる。『仏本行集経（ぶつほんぎょうじっきょう）』巻二九では、菩薩が地震を起こして悪魔を降伏させる場面が描かれている。地震が発生したとき真っ暗になって激しい炎が上がり、狂ったような強風が吹き、四海が沸き上がったが、菩薩はこの厄災を用いて悪魔に脅威と処罰を与えたというのである。

「八因縁」説では地震は仏が涅槃に入るときにも発生するが、『大般涅槃経』巻下には、仏が涅槃になったとき大地が震動し、それとともに大きな震動音が響き、海には激しい波が湧き起こり、須弥山も揺れ、狂風が吹き、樹木が折れたと、その地震の脅威も描かれている。

また、『仏説月光菩薩経（ぶっせつがっこうぼさつきょう）』には仏が語った話として、次のように地震の恐怖を記載している。

その昔、北インドの賢石城（現在パキスタン・パンジャーブ州のタキシラ、釈迦の時代にはガンダーラの首都）に月光という国王がいた。月光国王は心の優しい王で、布施を好み人びとのあらゆる求めにも温かく応じた。そのころ香酔山にいた悪眼というバラモンの悪僧が月光国王に危害を加えようと謀り、都に行って月光国王の首を求めた。悪眼バラモンの陰謀を知った天神と人びとは、「大変だ、大変だ、月光国王は慈愛の心から衆生を喜ばせているのに、もし彼の命が損なわれたら、この世の保護者がいなくなるではないか！」と嘆き悲しんだ。彼らがこのように話していると、天地は暗黒と化し、日月は消え、泉や井戸の水が枯れ、突如暴風が起こり、砂や石が吹き飛び、樹木が倒れて折れ、大地が震えて動く不詳の現象が現れた。すると月光国王は悪眼バラモンの要求を聞き入れ、衆生に無常の道理を示し教えるために、自ら剣で首を切った。そのとき、三千大千世界にはまた六種の震動があった。その後、仏は僧侶たちに、「その月光国王とは私自身のことで、悪眼バラモンは提婆達多のことだった」と教えた。

提婆達多は釈迦仏の弟子のひとりであったが、仏法を破ったことから、生きたまま地獄に堕とされたといわれる。この話からも月光菩薩への危害に伴う地震の恐怖の光景をみることができる。

さらには『金光明経』巻二にも、四天王が語ったさまざまな天変地異がみられる。人びとは互いに争い、疾病が蔓延し、彗星や流星が出現し、星宿が異常運行し、太陽が二つも現れ、日食や月食、あるいは黒い虹や白い虹がしばしば現れ、大地が振動して地響きし、暴風や強雨で作物が実らず、飢え寒さに苦しみ、盗賊がはびこり、苦悩のどん底にあったという。このような災害異変が発生したのは、人びとが『金光明経』を信じず、そのため四天王と無数の鬼神がその有効な方法や勢力、そして威徳を失い、それぞれの国土を治めることができなくなったからである。

以上はいずれも仏典に記載する厄災としての地震の事例である。要するに、仏教における厄災としての地震は、悪魔を震え上がらせるために起こすものであり、あるいは仏や菩薩の逝去を悲嘆した結果、あるいは人びとの間で仏法が廃れたことによるというのである。

では、吉祥としての地震についてみてみよう。

すでにみたように、仏教では仏や菩薩がその「神力」で地震を引き起こすことができるが、「神力」で起こされた地震は衆生に危害をもたらすことがない。『大般若波羅蜜多経』巻三では、地震は菩薩の不思議な能力のひとつとされる。菩薩の身体が光り輝き、相好（仏の身体に備わっている特徴）はいよいよ荘厳となり、歩くと足下には蓮の花が現れ、その歩みが大地の震動をよび起こすのである。だから、大地に震動があっても地上の衆生を害することがない。これは衆生に危害のない地震の一例である。

『仏説給孤長者女得度因縁経』巻下には、世尊の移動にともなって発生する地震が描かれている。

世尊が舎衛城（古代インドのコーサラ国の首都。現在インド北方のシュラーヴァスティーにあり、釈迦が二〇年以上滞在したので、仏教の聖地となっている）を離れて福増城（舎衛国から遠く離れた街、場所は不明）

へ行くとき、世尊の身体が光り輝き大地が震動した。大梵天王、帝釈天、天神、そして地上の国王はみな見守りにやって来た。乾闥婆王（天界の楽師）は音楽を奏でながら道案内をした。空中では天女たちが花をまき散らしたり音楽を奏でたりしていた。

ここに描かれる光景は「大地震動」であるにもかかわらず、およそ恐怖とは程遠い雰囲気である。歌ったり踊ったり、まるで歓楽の場面である。

また、先に紹介した『大智度論』巻八では、「獅子遊戯三昧」および「六種震動」の話に続けて「四種地動」を説いている。「四種地動」とは、火神・龍神・金翅鳥・天王によって起こされる地震のことで、それぞれ二十八宿（天の赤道付近の二八の星座）に対応する。火神・龍神・金翅鳥の三種が起こす地震は、「降るべきときに雨が降らず、河川はことごとく涸れ、麦の植え付けもできない。天子は凶に当たり、大臣は殃を受ける」とされる。つまり、これらは干ばつや飢饉、天子や大臣の災禍を伴う厄災の地震であるのだが、第四種の天王が起こす地震は、「雨が豊かに降り、五穀の植え付けに宜しく、天子は吉に当たり、大臣は福を受け、万民は安んずる」とあるように、自然の調和が五穀豊穣をもたらし、天下の平安を約束する吉祥としての地震である。

吉祥としての地震は、ほかにも「地神」の歓喜による地震や、衆生の心を優しくする地震もある。「地神」は仏を大地の主としているので、菩薩が成仏するとき、国民は新しい国王の即位を祝福して万歳を叫び、歌ったり踊ったりする。それが地震となるというのである。また、「衆生の心を優しくする」地震というのは、心が荒(すさ)んで争いを起こしがちな三千大千世界の衆生の心を、仏が和らげ優しくするために引き起こすというのである。いずれの地震も、地震の後に大地が柔軟になる。この柔軟な大地で暮らせば、その心も自然に優しくなるというのである。すなわち、吉祥としての地震は、調和のある風雨をもたらし、その結果として豊かな実りをもたらすだけでなく、人の心をも変え、悪を捨てて善なるものに従わせることもできる。

このように、仏典にみえる地震は必ずしも災いではない。また、いかにも厄災とも思える地震も、実は地震が悪魔を懲らしめて衆生に幸福をもたらすことになり、地震を吉祥とみなす独特の地震観となっているといえよう。

◈おわりに

仏教の地震観の特徴は、まず地震現象に対する非常に詳細な解説である。地震を観察して得た知識から、地震の原因や動き、あるいは機能を細かく分析するのは、仏教理論特有の緻密な法(ほっ)相(そう)分析（現象のありのままの姿を分析する）にもとづくものであろう。

また、地震は仏や菩薩、そして天神や道を得た高僧たちのもつ法力・神通力・感応力によって起きると説明すること、すなわち自然現象としての地震に宗教的な色彩を施していることである。仏教を信仰しない人からすれば、こうした解説はただのフィクションに過ぎないが、仏教の世界観からみれば、「感応で道と交わる」ことによって起こる地震は当然のことであった。「地震は天意の証、人間界への天譴（てんけん）である」とする儒教の災異説と比べれば、仏教が地震を仏や菩薩などの神力の作用とする説は理解しやすい。

しかし、より注目すべきは、仏教が地震を吉祥の象徴と位置づけていることであろう。仏や菩薩には大いなる慈悲があり、しかも超人的な力をもっているので、彼らの起こす地震は普通の地震とは違う意味と効力があるはずである。だから、地震は仏が涅槃に入った証である、地震は仏や菩薩の誕生・成道・悟りなどに伴って起きる、仏は地震を起こして悪魔に厄災を与えている、悪魔を震え上がらせて私たちを解放してくれると説かれると納得ができる。

では、仏教はなぜこのように地震を理解しているのだろうか。元来、古代インドは神を崇める世界で、仏教も例外ではなかった。仏教は仏や菩薩の不思議さと偉大な力を賛美するために、さまざまな異常現象を神力の効果とし、地震の原因まで仏や菩薩に帰結した。仏や菩薩は衆生を守る存在であるのだから、仏や菩薩などが起こした地震が衆生に災害をもたらすはずがない。だから地震は悪魔を退治し懲罰する効果があると説いたのは当然であろう。こうした理解の中で、仏や菩薩などの力による大地震動をとおして、人びとを幸せな新しい世界に導きたいという願望を寄せているといえよう。

このような発想で地震を説明することは、それまでの儒教世界にはまったくなかった。どこまでも現世での幸福を追求し、死後の世界（来世）を語らない儒教は、災異説で天変地異が現実政治を批判していると主張するが、はたして人びとの現実生活は少しでも好転しただろうか。それで人びとの心は救われただろうか。

「地震は吉祥である」とする仏教独自のこの地震観は、天変地異で苦難を強いられ救いのない人びとの心を、たとえ一時的であれ救済することに成功したのではないだろうか。

【参考文献】

邢東風「仏典に見られる「大地震動」」『桃山学院大学総合研究所紀要』三六―一、二〇一〇年

地震は神の徴(しるし)か？——イスラームの信仰と災害

青山　亨

◈はじめに——アチェの背景とイスラーム

二〇〇四年一二月二六日午前七時五八分（現地時間）にインド洋のスマトラ島沖で発生したマグニチュード九・一の地震はインド洋沿岸の諸国に甚大な被害をもたらした。二二万七八九八人が死亡または行方不明とされている。なかでも最大の被害を受けたインドネシアでは、スマトラ島北端のアチェを中心に一六万七五四〇人が死亡または行方不明となっている。その多くが地震ではなく直後に発生した大津波の被害者である。

多くの島じまからなるインドネシアの中でも、スマトラ島、ジャワ島、バリ島をふくむ小スンダ列島は、海洋側のインド・オーストラリア・プレートが大陸側のユーラシア・プレートに衝突して形成された火山列島であり、日本列島と同様、火山の噴火や地震、津波の災害が頻発する。とはいえ、一九世紀末から二〇世紀末にかけての一二〇年間、地震活動が比較的穏やかな時期が続いており、二一世紀に入って起こったスマトラ沖地震・津波は住民にとって不意を突く災害であった。災害の多いインドネシアの歴史においても、紛れもなく最大級の地震と津波による災害のひとつといってよいだろう。

インドネシアは世界最大のムスリム人口を抱える国である。その数は全人口二億六〇〇〇万人のうち八七パーセントを占める。なかでも、アチェは古くからイスラームが伝来し、住民のほ

二〇〇四年大津波の後のバンダ・アチェ市内。がれきはすでに撤去されているが、このあたりの民家はことごとく壊滅した。二〇〇五年九月、著者撮影。

とんどが敬虔なムスリムである。彼らはこの想像を絶する規模の災害をどのように受け止めたのであろうか。地震と津波がアチェにもたらした衝撃を理解するためには、はじめにインドネシアにおいても特徴的なアチェの歴史を知る必要がある。

一三世紀末、ベネチアの商人マルコ・ポーロは、長らく滞在していた元朝の宮廷を辞して海路でヨーロッパに戻る途中、スマトラ島北端の東岸にある港市サムドゥラ・パサイに立ち寄った。このサムドゥラという名がのちに島全体の名称スマトラの由来になったとされており、当時は東西の商船が寄港する海上交通の要所であった。マルコ・ポーロが帰国後に口述した『世界の記述』(『東方見聞録』の名でも知られる)の中で、マルコ・ポーロの訪問のしばらく前に地元の王がイスラームに改宗したと記されている。これが現地の権力者がイスラームを受け入れたことを示す東南アジアでもっとも古い証言である。

その後、イスラームを奉じるアチェ王国がスマトラ島最北端のバンダ・アチェに都を置いて栄え、一六〜一七世紀に最盛期を迎え、サムドゥラ・パサイをふくむスマトラ島北部一円を支配するに至った。この領域がほぼ現在の行政単位であるアチェ州の前身にあたる。アチェは西方から訪れるムスリム商人が東南アジアで最初に立ち寄る港町として重要であったし、やがてメッカへの巡礼が増えると、メッカに向かう巡礼者にとって東南アジアでの最後の寄港地となった。アチェは著名なウラマー(イスラーム学識者)が滞在する場となり、東南アジアにおけるイスラーム情報の発信拠点のひとつとなった。アチェが「メッカのベランダ」と呼ばれたのもこのような事情からであり、インドネシアで最初にイスラームを受け入れたというムスリムとしての誇りはアチェ人のアイデンティティを支える大きな柱となった。

一九世紀になってオランダによる本格的な植民地支配がスマトラ島におよんだときも、最後まで抵抗したのがアチェ王国であった。これは、ジャワ島の諸王国が早くにオランダに屈服し懐柔されていったのとは対照的である。一九〇四年に王国が降伏した後も、ウラマーたちによるゲリラ戦による抵抗は、日本軍が侵攻した一九四二年まで続き、日本降伏後にインドネシアがオランダと戦った独立戦争においても重要な役割を果たした。アチェがこのように強靭な持久戦を続けられたのは、アチェ王国以来のアチェ人意識が育まれてきたことの証であろう。

インドネシアが独立したとき、アチェ人はシャリーア（イスラーム法）にもとづくアチェの自治権を中央政府に要求したが、独立したばかりのインドネシアの国民統合を最優先の課題とする中央政府がアチェ人の要求を認めることはなく、反発するアチェ人の運動は武力による分離独立闘争へと傾斜していった。一九九八年にインドネシアの権威主義的政権が崩壊し、民主化が始まったことでアチェの独立運動組織と中央政府との交渉は再開されたものの、両者の歩み寄りは少なかった。交渉は膠着状態におちいり、アチェ州は政府軍の戒厳下に置かれ続けた。アチェを襲った津波が、アチェ社会全体に壊滅的な被害を及ぼし、国際社会による支援の必要が明らかになったことで、ようやく戒厳令は解除され、翌二〇〇五年に和平協定の締結に至った。自然の災害が人びとの対立を越えた政治的な転換のきっかけとなったといえよう。

◈一二月二六日の朝――生存者の証言とイスラーム

それでは、地震と津波が襲った日のアチェはどのようなようすだったのだろうか。その日、一二月二六日は日曜日だった。前日の二五日はクリスマスで、インドネシアでは国民の祝日である。ムスリムがほとんどを占めるアチェの住民にとっても、二連休の週末の二日めの朝であった。一二月下旬ではあるが、北緯五度、赤道直下に近い熱帯に位置するアチェでは、日中の最高気温は三〇度を超える。この日も朝から晴天の日差しが暖かく射し込んでいた。

寝床から出ないでのんびりとする若者、小さな子どもの世話をして普段どおり家事をする親たち、用事があって外出する人、一言でいえば、いつもと変わらない日曜日の朝であった。午前八時二分前、地震の衝撃が人びとを襲った。誰もが大慌てで外に飛び出したものの、まもなく家に戻り始めた。はげしく揺れる地震であったが、家屋が倒壊するような大地震ではなかった。家に戻った人びとは、散らかった家の中の片付けを始めた。そのころ、海岸では海の水が沖まで引いて、海底があらわになっていた。それを見て危ないと感じた人もいたが、その数は少なく、多くの人びとはやがて来る危険を予想だにしていなかった。干しあがった海の底で跳ねる魚につられて、魚取りに興じる人びとも多かった。人びとが初めて異変を感じたのは、沖の彼方から巨大な黒い壁のような波が出現し、海岸へと迫ってくるのを目にしたときである。

海岸が見えない場所にいた人びとは、「アイル・ラウト・ナイク」という叫びを聞いて初めて危険の接近を知った。「アイル・ラウト・ナイク」は直訳すると「海の水が上がってくる」という意味である。このころ、「ツナミ」という言葉はまだ人びとの耳になじんでいなかった。

津波の被害がいかにすさまじかったかを知るには、生存者の証言に耳を傾けるのが一番であろう。ここに、災害の翌年に刊行された『津波と生存者たちの語り』というインドネシア語の本がある。この文献は、アチェ州公文書館のチームが行った聞き取り調査にもとづいて、津波の生存者一一一名の証言記録と、そのほか一五一名からの津波についての短いコメントを集めたものである。災害から一年弱で作成された、貴重な現場の記録といってよい。

この証言集の中から、バンダ・アチェ市の北端の海岸に近い村に住んでいた、三一歳の女性ナンダさんの証言にしばらく耳を傾けてみたい。

その朝、地震が起きたとき、私は、母親と一〇か月になったばかりの赤ん坊と自宅にいました。夫は地震の前に外に出かけていました。地震が起きると、私はあわてて一〇か月の赤ん坊を抱いて、家の外に飛び出しました。庭に出ると、座り込んで、何度も何度も「ラー・イラーハ・イッラッラー」と、揺れが止まるまで、唱え続けました。近所の人びとも同じようなありさまでした。てんでばらばらに家から飛び出して、庭や家の前の道端に座り込んでいました。

揺れが止まったあと、私は家の中に入って、散らかった飾り物の片づけを始めました。間もなくして、外にいる近所の人たちがパニックになっているようすが目に入りました。家を飛び出して駆け出す人もいました。鶏が木の枝や屋根の上をめがけて飛び上がりました。そのとき、まるで機械のようなゴーという音がして、どんどん大きくなってきました。みなが走りながら、「海の水が上がってきた。海の水が上がってきた」と叫んでいました。私はすぐに家の外に出ました。海の方を見て、本当に驚きました。ヤシの木の高さの二倍くらいの大きな黒い波が、まるで巨大な壁のように陸に向かって進んでくるのです。私はとっさに赤ん坊を抱え、母の手を引いて、住宅地の外の大通りに向かって駆け出しました。

しかし、どうにもこうにもなるものではありませんでした。家から一〇歩も走らないうちに、大人の胸の高さまである波にのまれてしまいました。抱いていた赤ん坊は流され、母とも手が離れてしまいました。北側、西側、東側の三方から波が襲いかかってきました。たちまち、私たちは波にのみこまれ、グルグルと振り回され、引き込まれていきました。もうだめだ、キアマット(最後の審判)だと私は思いました。(以下、略)

奇跡的にもナンダさんは助かった。彼女が救われたのはその日の夕刻のことであった。引き波にさらわれて海に流され、漂流するがれきの中で海上を漂っているとき、ボートに乗った漁師によって発見されたのである。彼女は、沖合のウェ島の病院に送り届けられ、八日後に退院できたが、彼女の村は津波で全壊していた。この証言をしたときには、仮設住宅で避難生活を送っていた。証言の中には家族の消息は語られていない。

ここで注目したいのは、証言の中に現れるイスラームにかかわる発言である。証言の中に出てきた「ラー・イラーハ・イッラッラー」はアラビア語で「アッラーの他に神はない」の意で、「ムハンマドは神の使徒である」を意味する「ムハンマドゥッラスールッラー」と合わせて、イスラームの五行（ごぎょう）（五つの義務行為）の第一である信仰告白をなすものである。自らがムスリムであることを明かす基本的な語句であるから、死の可能性を目前にして、死後の安寧を祈願するムスリムにとっては、自然に口に出てくる言葉なのである。

証言の中でもうひとつ注目されるのは、アラビア語で「最後の審判」を意味する「キアマット」という言葉である。これは、イスラームの六信（六つの信条）の第四であり、キリスト教とも共通する終末論の教義である。遠からぬ将来のある日、最後の審判の日が訪れ、この世界は終末を迎える。その日にはすべての死者が蘇り、人びとは神の前で裁かれ、生きている間になした善悪もろもろの行為すべてが秤にかけられ、来世において楽園たる天国に行くか、灼熱の地獄に行くかが決定される。このように、イスラームでは来世とは死んですぐに訪れるものではなく、最後の審判のあとに訪れるものである。良きムスリムとして神の教えを守り、善行を積むことこそが、来世において永遠の命を得て天国へ行くための唯一の保証なのである。ムスリムにとって、信仰の実践が真の意味での生きるか死ぬかの重大事なのはこのためである。

『津波と生存者たちの語り』を読むと、証言者の多くが、津波のすさまじい破壊力を目にしたとき、「これはキアマットだ」という思いを抱いたと語っていることがわかる。確かに、尋常ではない災害を目にしたとき、これは「世界の終りだ」という印象をもつことは、信仰心の有無や宗教の違いにかかわらずあることだろう。しかし、ムスリムにとっては、これは抽象的な印象ではなく、自分自身の死後にかかわる、具体的にさしせまったことなのである。その日がキアマットが来るとされる金曜日ではなく日曜日だからキアマットではないと気づいたという証言や、キアマットが来たのなら早く死なせてほしい（死ぬことで、現前の苦しみを逃れ、神の裁きを受けることができる）と思ったという証言が証言集の中に記録されている。ムスリムにとってキアマットは肌身をもって感じられていることがわかる。

◈『クルアーン』に描かれる災害

津波に巻き込まれたアチェの人びとの多くが、地震に続いて起こった津波をキアマットの到来と感じた。ムスリムにとって、地震が最後の審判に結びつけられる大きな理由は、イスラームの聖典である『クルアーン』（コーラン）に求められる。『クルアーン』の第九九章はそのものずばり「地震章」と名付けられている。この章は以下の八節からなる短いものである。

一　大地が激しく揺れ、
二　大地がその重荷を投げ出し、
三　「かれ（大地）に何事が起こったのか」と人が言う時。

四　その日（大地は）凡ての消息を語ろう、
五　あなたの主が啓示されたことを。
六　その日、人びとは分別された集団となって（地中から）進み出て、かれらの行ったことが示されるであろう。
七　一微塵の重さでも、善を行った者はそれを見る。
八　一微塵の重さでも、悪を行った者はそれを見る。

一般的に、この章は最後の審判の日の情景を描いたものとされており、「人びとは分別された集団となって（地中から）進み出て、かれらの行ったことが示される」という記述は、埋葬された死者が蘇り、神の前で裁かれる情景と理解されている。この地震章の記述が、まさに、大地震はすなわち最後の審判の日の到来であるという連想を多くのムスリムにもたらしている。

『クルアーン』がもつ意味はムスリムにとってきわめて重い。なぜならそれは神の言葉、人間への命令であり、その命令に従う者こそが良きムスリムであり、その結果として、最後の審判において楽園における永遠の命が与えられるからである。反対に、神の言葉に従わない者は、火獄（かごく）で永遠の苦しみを味わうことになる。

アチェを襲った地震と津波はキアマットではなかった。それでは、このような災害がアチェを襲ったことをアチェのムスリムはどのように理解したのであろうか。

イスラームによれば、神は万物の創造主にして、最後の審判の日の裁き手であり、全知全能である。したがって、地震をはじめとする、天と地の間のあらゆる現象は、災害もふくめて、神によって引き起こされる。アチェを襲った地震と津波も例外ではありえない。しかし、神は信仰篤(あつ)き者には慈悲深いとされている。そのような神が、なぜ多くの無辜(むこ)の民を死に至らしめる巨大な災害を、よりによって敬虔なムスリムを自認するアチェの人びとにもたらしたのだろうか。

その答えのひとつは、神が人間に災害をもたらすのは、神の教えに従わない人びとの行為に対して神が怒りを抱いたからだ、とするものである。災害は、神による罰であり、生き残った者たちへの警告なのだ。証言集に寄せられたコメントでも、多くの人びとが、この災害は神の教えに従わなかった背信者に対する神の罰であり警告であると述べている。

『クルアーン』には「地震の章」以外にも地震に言及している章句があるが、いずれも地震は背信者への神の怒りの結果であり、神の罰であると描いている。さらに、神の罰は地震にとどまらない。堕落した人びとが大洪水で滅び、神の命で箱舟を造ったヌーフ（旧約聖書のノア）が生き延びたという物語や、神の警告を伝えるロトの言葉を無視した町（旧約聖書のソドム）が神によって破壊される物語や、預言者ムーサー（旧約聖書のモーセ）の言葉に従わなかったためにエジプトの民にもたらされた災厄の物語は、旧約聖書の伝承として私たちにもなじみ深い。イスラームでは、ユダヤ教徒やキリスト教徒も同じ神から教えを授かった啓典(けいてん)の民とみなされている。ノアやモーセもイスラームの預言者とされ、共通の伝承を受け継いでいるのである。

このことは、イスラームと同じく一神教のキリスト教社会においても、災害について同じように解釈されうることを示している。その代表的な事例を一七五五年にポルトガルの首都リスボンを襲った地震と津波にみることができる。

◈一七五五年リスボン大震災の意味

ポルトガルは、他のヨーロッパ諸国に先駆けてアフリカ周りでインド洋に達する一方、南アメリカでブラジルの領有を宣言し、一六世紀にはヨーロッパへの香料貿易の一翼を担う海洋帝国を築いて最盛期を迎えた。しかし、貿易競争ではやがて後発のオランダやイギリスに追い抜かれ、一八世紀に入ると隣国スペインの圧力に抗するためにイギリスへの経済的従属を強めるようになっていた。

この時代、イギリスやフランスでは進歩的な啓蒙主義が広まり、人間の理性を重視する立場からキリスト教の信仰を問い直す動きも進んでいた。それに対して、ポルトガルではカトリック教会の保守的な影響力が強く残っており、プロテスタントなどを異端とみなす異端審問がいまだ続いていた。また、ローマ教皇に絶対的忠誠を誓うイエズス会も、学校教育を通じて広い影響力を及ぼしていた。さらに、一七世紀末にブラジルで発見された金のおかげで財政が潤ったポルトガルの王家は、その富を王宮や教会の豪奢な建築に注ぎ込んでいた。リスボンの市民は迷信的なまでに強固な信仰心を抱いており、市内のカトリック僧の数はリスボン市民の人口の六分の一に及んだという。

地震が起きた一七五五年一一月一日は折しも万聖節（諸聖人を称える日のことで、ハローウィーンはこの日の前夜祭にあたる）の日であり、朝から多くの人びとが教会につめかけて礼拝に臨んでいた。地震は朝の九時三〇分ごろに発生し、市内一帯の建物を崩壊させた。さらに、強風に煽られた火災が生き残った人びとに襲いかかった。安全な場所を求めてリスボン市の前を流れるテージョ川の河岸に停泊する船上に人びとが避難していたとき、津波が押し寄せた。いみじくも生存者の一人は「（地水風火の）四元素が束になって町を破壊した」と述べている。このリスボン大震災では、市内の多くの建物、教会の九割、王宮、新築されたばかりの歌劇場が破壊され、およそ四万人の市民が命を失ったと推測されている。

地震に巻き込まれたのはリスボン市民だけではなかった。カトリック教徒ではないゆえに異端とみなされたイギリス人の一人は、リスボンのカトリック教徒たちの地震への反応についてこう述べている。「住民はこれが最後の審判の日だという気持ちでいっぱいのようで、善行に励むべく十字架や聖者像を背負いこんでいた。（中略）連中は地面が揺れるたびにひざまずいて、これ以上ないほどの悲痛な声で『お慈悲を』と叫んだ。何がきっかけで彼らの狂信的な信仰心が最悪の罪人である異端者に向けられるとも限らない。私は人が近づいてくるたびに恐怖を覚えた」。

リスボン大震災時のカトリック教徒たちの狂信的な反応は、フランスの啓蒙思想家ヴォルテールがその著『カンディード』の中で痛烈な風刺の対象として描いている。主人公のカンディードたちはリスボンの震災に巻き込まれ（「これは世界の最後の日だ」とカンディードは叫ぶ）、かろうじて命拾いしたものの、些末な嫌疑で宗教裁判所の官吏に捕らえられ、公開異端審問にかけられて同行の老博士は絞首刑に、カンディード自身は鞭打ちの刑に処せられる。これが単なる文学的想像力による誇張にとどまらないことは、先ほどのイギリス人の証言から明らかであろう。

リスボン大震災はヨーロッパ世界にとって衝撃的だった。被害の大きさもさることながら、まさに万聖節というキリスト教の祝日に、教会に集まった敬虔なキリスト教徒を自認するリスボンの市民を天災が襲ったからである。啓蒙主義者にとって、リスボン大震災は、いわゆる「楽天主義」（この世界は、苦しみや悪徳があるけれども、存在しうる世界の中で最善の世界であるとする説）に対する強力な反証となった。先にあげたヴォルテールの『カンディード』は、まさに「楽天主義」を否定することが主題であった。さらに、ヴォルテールのような立場は、神は世界を創造したあとこの世界に干渉することはなく、世界は定められた法則に従って進展するという「理神論」につながる。そして「理神論」は、地震をあくまでも自然現象ととらえ、その原因を究明しようとする自然科学的な思考へとつながっていくことになる。このように、リスボン大震災の後、ヨーロッパ思想界においては大勢として近代合理主義的な世界観が優勢となっていった。

しかし、信仰者たちの中で、災害は人間の罪に対する神の罰であるとする理解がなくなったわけではない。実際、リスボン大震災はキリスト教社会を二分する大きな議論を呼んだ。その焦点は、もし地震が人間の罪に対する神の罰なのであれば、いったい誰が罪を犯した者なのかという問題であった。リスボン市のカトリック教徒たちは、リスボン市内に住む異端者に寛容すぎたことが神の怒りに触れたのだと主張した。それに対して、プロテスタント教徒の中では、悪魔的な異端審問の存続そのものがまさに神の怒りの理由だとする見解が広まっていた。リスボン大震災は最後の審判の予兆であり、今こそ神に祈り悔い改めよと人びとの不安を煽る声もあがった。むろん、今なすべきことは互いに罪をなすりつけあうことではなく、宗教の違いにかかわらず、犠牲者に対しては友愛と同情をもって接しようと呼びかける者もいたが、このような意見は少数派にとどまり、キリスト教社会の分断を修復することはできなかった。

◈信仰と防災

このように一神教においては、災害は人間の罪に対する神の譴責（けんせき）であるという考え方が根強く存在する。むろん、災害をひとつの機会として自らの社会のあり方を反省し、正すべきところがあれば正し、災害後の復興に力をつくすという限りであれば、けっして無意味な考え方ではない。しかし、それとは対照的に、災害とは本来無関係なはずの争点を取り上げ、自らの主張と折り合わない集団を名指して罪をかぶせ、自らの主張を有利にするためにこの考え方を使うのであれば、独善のそしりをまぬかれないであろう。

特定の集団を罪を負うべきスケープゴートとして非難するという行動が社会に分断をもたらすことは、リスボン大震災の事例からも明らかであるが、このような状況は二一世紀になっても変わっていない。二〇一八年九月にインドネシアのスラウェシ島中部で発生した地震をみてみよう。この地震では液状化現象と津波が発生し、被災したパル市では病院やモスクなど多くの建物が崩壊し、数千人の死者もしくは行方不明者が出ている。パル市が位置する地域はアチェと同様に敬虔なムスリムが多いことで知られている。二〇〇四年のアチェの災害では個人のビデオカメラに撮影された映像がテレビを通じて全世界に報道されたが、二〇一八年の災害ではスマホで撮影された映像が時をおかずにネットを通じて拡散した。二〇〇四年の災害とのさらなる違いは、ネットを通じて多くの人びとが災害についての意見を発信できるようになったことである。多様な意見の中には災害の原因を神の怒りに帰すものもふくまれるが、その影響力は言論の手段が印刷物に限られていた一七五五年のリスボン大震災の比ではない。

そのような意見表明のひとつとして、地震が起きて数日後に被災地に入ったマレーシアのある保守派のウラマーが、帰国後に行った説教の動画がネットで公開されている。この一五分ほどの動画は、視聴回数が一〇〇万回を越える人気があり、「高く評価する」者の数が一万人強で、「低く評価する」者の数の一〇倍以上となっている。動画の中で、このウラマーは、地震の被害のすさまじさを伝える一方で、災害の原因は地元の住民が犯した罪に対する神の怒りであると煽動的に訴えている。神の怒りを招いたのは、パル市が数年前から開催している地元文化を振興する祭典の中で土着の伝統的儀礼を行っていることが、イスラームの教えからの逸脱だからだと批判する。

実は、地震が起きたとき、祭典の行事のために住民が海辺に集まっており、多くの被害者を出したという経緯がある。ここ数年来、インドネシアでは地方経済の振興のために、地方の伝統文化を観光資源として活用しようとする流れがある。パル市の動きもそのような流れにのったものであるが、このウラマーの立場からすれば、ムスリムでありながらイスラームの教えにない伝統的な儀礼を行ったことで神によって罰せられたというのである。続けてこのウラマーは非難の矛先を別の集団に転じる。現地のムスリムの中には非イスラーム的な慣行に寛容なムスリムが多く、ゲイのムスリム・グループの存在さえも容認していたことが神の怒りに触れたのだとする。近年、インドネシアやマレーシアではＬＧＢＴの活動が話題となっており、保守的なイスラーム層からの批判の対象となっている。これは、『クルアーン』で述べられているソドムの町の破壊は、男色を禁ずる神の警告に従わなかったからだという解釈とも結びついている。まさに、現在進行している激しい論戦の中で、批判の対象とされている集団が神の怒りを招く罪を犯した当事者として糾弾されているのだ。

アチェの災害においても、証言集に寄せられたコメントのほとんどが、自然災害は神の行いであることに言及している。科学的にはプレート同士が衝突して生まれたひずみが地震を引き起こすにしても、今ここで地震が起こるのは神の意思なのである。さらに、このようなコメントの中で、神が地震を起こしたのはアチェの住民が犯した罪に対する罰であり警告であるという意見が少なからずみられる。ここで、具体例として二つのコメントを取り上げてみたい。最初は、四五歳の男性のコメントである。

この津波は神による「メッカのベランダ」の浄化のプロセスだ。話によると、昔、アチェのウラマーたちはアチェを清浄な地にすると誓ったそうだ。みたところ、今の世代にはアチェの清浄さを守ることができない。この地は、汚職、不道徳な罪、人間同士の殺し合いといった人間のさまざまな行為で汚されてしまった。だから、神はこの「メッカのベランダ」の地を再び浄化したのだ。

残念なことは、この浄化が起きたとき、犠牲となったのが罪を犯した者たちだけではなく、何の罪も犯していない者たちにも被害が及んだことだ。たとえてみれば、蟻に嚙まれたとき、嚙んだ蟻は一匹でも、体中の蟻を追い払おうとするようなものだ。津波も同じことだ。一人にしろ数人にしろ罪人を退治しようとすれば、罪人のそばにいる人間たちも巻きぞえをくらうのだ。

将来、このような災害がくり返されないことを願っている。私たちの中に不正を行う者がいないよう用心しなければならない。私たち自身の行いのせいで被災するようなことがあってはならない。

この男性は津波を神の罰としてとらえているが、特定の集団に罪を着せるのではなく、アチェの住民が全体として負うべき罪が原因だと考えている。次のコメントは、六三歳の男性によるものである。

人間は自然現象がどのように起こるかを説明することはできるが、なぜそれが起こるのかに答えることはできない。また、人間は自然現象が自分自身にもたらす帰結を見定めることもできない。なぜ起きるのか、その帰結は何なのかという問題は、神への信仰と信頼の問題なのだ。

津波はひとつの自然現象だ。それがなぜ起きるのか、その帰結が何なのかは全知の神のみが知りうる。人間にできることは、発生の過程を説明し、防災につとめることだけである。過去の経験からわかるように、このような悲惨な自然現象が起きた後には、たいてい、人間の態度や行為や、災害の前に指針とされていた価値観に、意味深いズレや変化が起こるものだ。津波後のアチェ社会でも態度や行為に変化が起こるかは全知の神のみが知ることだ。私たちにできることは、アチェの状況と社会が、津波前に比べてより良い方向に変化する可能性に期待することだけである。

この男性も、津波が神の意思に原因があることを認めているが、津波が起きた理由は神のみが知りうるとして、人間の罪に対する神の怒りであるという考え方には与(くみ)していない。信仰と科学を両立させようとしている点で理神論に近い。また、将来が良くなることを願い、禍を転じて福となす可能性に期待を抱いている点にも注目される。証言集の中にはこのような意見もみられるのである。

むろん、大多数のコメントは、最初に引用したコメントに代表されるように、人間の罪に言及している。コメントの中で罪としてあげられているものは、一日五回と定められている礼拝をきちんと行わない、集団礼拝のためにモスクに行かない、賭博にふけるといった個人の行為にかかわるものが多いが、アチェ社会全体にかかわる理由として、政治家の腐敗や長年にわたる独立派と政府軍との闘争による流血に言及するものが少なくない。当然のことながら、イスラームにおいても殺人は大きな罪である。また、津波の被害は甚大であったが、結果として、アチェの人びとの信仰心は強まり、独立派と政府との間で和平協定が結ばれ、アチェはかつてのように外の世界と再びつながることができた。コメントの多くがこれも神のおかげであると述べている。

このように、証言集のコメントを読む限り、アチェの人びとの多くは災害をきっかけに自らのこれまでの生き方や社会のあり方を振り返り、より良い将来につなごうとしており、イスラームへの信仰が建設的に働いていることがうかがえる。しかし、先にあげた保守派のウラマーのように、社会の中の特定の集団をスケープゴートとして批判するような論調が強まったとしたら問題であろう。確かに、イスラーム保守派の意見もひとつの立場として認められるべきものではある。しかし、災害をこのように意味づけることには、将来の防災、とりわけ防災教育に否定的な影響を及ぼすという点で見過ごすことができないからである。

現代の科学でも地震を防ぐことはできない。科学的な予測はある程度可能であるにしても、地震防災の基本は、地震発生のメカニズムを理解し、常日頃から地震への対策をとることで地震時の被害を軽減させる「減災」に他ならない。現在のインドネシアでも、学校での義務教育の段階から防災教育の一環として、地震発生のメカニズムについて教育が行われている。しかし、地震の原因が神の怒りであり、地震がもたらす災害は神の罰であるとする見方に盲従するならば、唯一の正しい防災は神の教えに従うことになってしまう。このような見方が望ましい防災教育の妨げになることは明らかであろう。事実、津波被災の後に防災教育が進められてきたバンダ・アチェ市の小学校で行われた調査でも、生徒のおよそ三〇パーセントが津波は神の怒りによってもたらされたとみなしていることが明らかになっている。一部のイスラーム保守派のかたよった主張が防災教育を誤った方向に導く可能性は現実の問題として存在するのである。

このため、現在、イスラーム社会でも、イスラームの信仰にもとづいた正しい防災教育の普及に向けた取り組みが始まっている。その中でも、あるイラン人の地震学の専門家は思い切った提言を行っている。イスラームが多数派を占めるイランもまた地震が多発する国であり、近年では二〇〇三年のバム地震で死者三万人以上という甚大な被害が発生している。正しい防災教育の普及はイランにとっても切迫した課題である。著者はイスラーム教学は専門でないと断ったうえで、防災教育の観点から、地震に対するイスラームの従来の見方を大きく見直そうとしている。

すでに述べたように、『クルアーン』第九九章は「地震章」と名付けられ、最後の審判の日の情景を描くものだと考えられている。しかし、著者によると、この章は一般的な地震の情景を述べており、地震に備えて努力を怠らなかった者は助かり、そうしなかった者は災害の犠牲になることを神は警告しているのだという。そして、災害は神の怒りに原因があり、助かるか否かは神の思し召し次第といった運命論は誤った考え方だと断言する。人間は神から理性を与えられたのだから、強い信念と正しい知識にもとづいて災害に備えることこそが神の目にかなった行動であり、来世において天国に至る道である。それに対して、災害に備える努力を放棄し、みすみす災害の被害を大きくする無知な行為こそが神の教えに背く行動であり、来世において地獄に落ちて罰を受けるに値するのである。

このような主張は、イスラーム世界においてもまだ少数派であろう。しかし、かつてキリスト教社会においても、リスボン大震災を契機として地震を神の罰とする考え方が大きく揺らいだように、イスラーム社会においても地震に対する考え方が変わろうとしているのかもしれない。

◈おわりに——イスラームと災害

インドネシアは「パンチャシラ」とよばれる国家五原則の第一原則に「唯一神への信仰」を定めている。その一方で「多様性の中の統一」を国是としており、宗教や文化の多様性を認めている。信教の自由が認められているので、ムスリムが多数派であるものの、イスラームは国教として定められておらず、イスラーム以外の宗教を信奉する人びとも少なくない。また、同じイスラームでも信仰のあり方は民族や地域や個人によって一様ではない。たとえば、ジャワ島の中・東部に多く住むジャワ人社会では、住民の大多数がムスリムであるが、イスラームの信仰と並行して土着的信仰とヒンドゥー教・仏教的な信仰が重層的に生きている。このため、中部ジャワの活火山であるムラピ山の噴火や地震も、ジャワ社会独自の文化的文脈で解釈されている（第二部「沸騰する南海北山――スルタンの出番か」参照）。他方、アチェ人社会はシャリーア（イスラーム法）を重視するという特徴がある。このように、インドネシアのイスラームも決して一枚岩ではない。このことをまず確認したうえで、インドネシアにおいて信仰、とりわけイスラームの信仰は災害にどう向き合っていくのかを最後にみてみたい。

それには、インドネシア在住の宗教学者であるアデニー・リサコッタによる自然災害に対する宗教的意味づけの整理が役に立つ。彼は、パル市の災害の事例で紹介した保守派ウラマーのように、自分自身の見解と折り合わない集団を非難するために神の罰を利用して災害を説明するのは自己欺瞞であるとして退ける。その上で、キリスト教とイスラームの両者を念頭において、唯一神教の宗教的信仰は災害に対して三つの側面で肯定的な意味を持ち得るとしている。

第一に、宗教的信仰は被災による苦難に意味を与えることができる。生存者は、災害によって家財を失うばかりか、家族、親族、知人の命を突然奪われ、自分だけが生き残るという理不尽な状況に直面することになる。災害を神の意思のあらわれと認めることは、なぜこのような災害が起きたのかを理解することにはつながらないかもしれないが、少なくとも災害が無意味に生じた現象ではないという認識を得ることになる。キリスト教徒にとってもムスリムにとっても、神は究極的には善であり公正な存在である。このように、神の意思によるものであれば苦難にも意味があるという理解が、生存者に苦難を受け入れる力を与える。

そして、第二に、神に対する全幅の信頼は、生存者が個人としてあるいは集団として乗り越えて行かなければならない将来の課題に正面から向き合う力を与える。これら二つの側面は、アチェの災害についての証言集のコメントに吐露されたアチェの人びとの心情ともよく一致している。被災後のアチェが、取り返しのつかない混乱に陥ることを回避し、長年の内戦を終結させ、復興への道筋を付けることができた背景には、肯定的な形で機能した宗教的信仰があったことは確かである。

第三に、宗教的信仰は他者を助ける強い倫理的義務を与える。いうまでもなく、アチェの災害時には多くの人びとが自発的に互いに助け合っている。このような行動はけっして宗教的信仰にのみもとづくものとはいえないであろう。しかし、被災地で行われた救援支援や復興支援の活動に宗教的組織が積極的にかかわっていたことも事実である。

一例をあげると、インドネシアでも屈指の巨大なムスリム大衆組織であるムハマディヤの活動がある。ムハマディヤは、教理的には穏健な中道路線を堅持し、近代的改革主義にもとづいてインドネシア全国に組織を展開して、震災の前からアチェにも有力なネットワークをもっていた。このため、アチェの被災時には、国連や国際NGOなどと連携して救援や復興の支援活動に参画して成果をあげている。このような実績をふまえて二〇一〇年にはムハマディヤ災害管理センターが設置されるに至り、現在ではインドネシアでもっとも実力のある民間災害対応組織として認知されている。このような継続的活動もまた宗教的信仰による災害への肯定的な対応のひとつといえるであろう。

信仰は世界観を形成するものであり、災害に対する意味づけにも決定的な役割をもっている。イスラームの場合、その根本にあるのは、災害の背後には世界を創造した神の意思が働いているという共通の認識である。宗教的信仰はときに災害に対する否定的な意味づけを与えることもあるが、実際には肯定的な意味づけを与えることの方が一般的である。また、このような認識が科学的な説明と両立しうる道が開かれていることも事実である。むろん、災害を神の行いとみることは、信仰をもたない者にとっては納得しづらいことであるが、グローバル化が進む現代においては、異なった文化の異なった宗教のこととして無関心ですませることはできない。むしろ、インドネシアをはじめとする世界の多くの地域で多数の信仰者がこのような認識をもっていることに理解を示すことが求められている。

ある推計によると、二〇一二年末の時点で外国人ムスリムが約一〇万人、日本人ムスリムが約一万人、あわせて約一一万人のムスリムが日本に住むとされている。実は二〇一一年はリーマンショックと東日本大震災が続いたため、日本に住む外国人の数が二一世紀になってもっとも落ち込んだ年である。この年、日本に住むインドネシア人は二万五〇〇〇人であった。その後、在日外国人の数は再び増加に転じており、二〇一八年末の時点で、インドネシア人の数は五万六〇〇〇人になっている。したがって、日本に住むムスリムの総数も一四、五万人に達していることが容易に想像される。

この中には日本人ムスリムもいるが、大多数はインドネシア人をはじめとする外国人ムスリムと考えてよいだろう。日本社会が外国人労働者に門戸を開こうとしている今、その数は増えこそすれ減ることはない。日本に定住するムスリムたちの中には家族をもつ人たちもおり、その子どもたちは日本の学校に通うようになる。そのために必要とされる対応は、日本語教育をはじめとして多岐にわたるが、アチェなどでの災害の教訓から学べることは、多文化社会における防災教育の構築の必要性である。イスラームの災害に対する認識をよく理解し、災害に対して多様な認識があることをふまえつつ、適切な防災教育の進め方を検討すべきときが来ているといえよう。

付記

ネット動画の分析にあたっては東京外国語大学研究生Tarawe Amaluddin Amir氏の協力を得た。ここに謝意を表する。

【参考文献】

佐伯奈津子『アチェの声――戦争・日常・津波』コモンズ、二〇〇五年
藤本勝次・伴康哉・池田修訳『コーラン』全二巻、中央公論新社、二〇〇二年

コラム

天変地異におけるキリスト教の預言と希望

一色　哲

キリスト教では、天災が起こったとき、それを天罰とか天譴とらえる一方で、それを天恵、つまり、天の恵みと考えることがある。この世の堕落や為政者の不道徳ゆえに天変地異は起きるが、それは、わたしたちにそのような社会のありようを知らせて、その建て直しの機会を天が与えたという考え方である。また、終末論の立場に立つと、天変地異は、無法・無為の為政者にとっては天譴であるが、無辜の民にとっては抑圧的な秩序が崩壊するきっかけとなる天恵であるということになる。そして、預言者は、すでに起こっている天変地異について、それが天譴だとする神の言葉を受け取って(預かって)、世に知らせ、絶望のなかに希望の光をもたらす。これが、キリスト教の「預言」である。

一九九五年の阪神淡路大震災や二〇一一年の東日本大震災の際には、天罰や天譴を語るキリスト教の指導者がいたし、わざわざ被災地に行って天譴論を吹聴してまわるキリスト教団体もあったことも知られている。さかのぼると、一九世紀末の濃尾大震災や明治三陸大津波(大海嘯)に直面した日本のキリスト教界では、そのような大災害による破局的な状況を、伝道・布教の機会だととらえた者が少なからずいた。

しかし、これらの者たちは、預言者の役割を果たしているとはいいがたい。このような人びとの言説には、天災と天恵とを結びつける認識が希薄であった。そして、これらの者たちは、天譴論と贖罪論を安直に結びつけて語っている。つまり、天災により、神が誰かを犠牲（「生贄の仔羊」）として選び、そのことで人類の罪が赦されるということだ。これらの者たちは、自らの正しさを主張してはいるが、神の恵みや災害後の希望について、ほとんど語ってはいない。

天変地異を前にして天譴を語ることはたやすい。しかし、そこから神の救いや癒しを説き、解放や再建の希望を示して、人びとを勇気づける預言者的役割を果たすのは、たやすいことではない。

第二部

王権と天変地異

「日本」の誕生と疫病の発生

細井　浩志

◈はじめに――疫病はなぜ発生するのか

　疫病とは流行病のことである。病原体が主な原因で、多くの人びとに健康被害、ひいては死をもたらす。しかしウイルスや病原菌が発見される近代以前はその原因が容易に理解できず、このためしばしば天罰や祟りと結びつけられていた。とつじょ大勢の人が倒れる疫病はまさに天変地異の一種といえる。

　しかし天変地異は、自然と人間のかかわりの中で起こり、決して自然が一方的に被害をもたらすことはない。ある自然現象が人に被害を与えたり、人が見て不思議に思ったりすることで、「天変地異」になる。疫病も同じである。

多くの病気（疫病）は病原体が感染して発症する。しかし人間が健康で抵抗力があり、あるいはその病気に対する免疫力が強ければ、発症しないこともある。つまり社会が豊かで食料が足りているか、あるいはかつてその地域でその病気が流行して人びとに免疫があるかにかかわっている。また病原体の保有者がどの程度の距離を移動するかも要因として大事で、交通の問題とも関係する。旅客機の普及で、現代社会では病気が世界的に流行する可能性が高まっているように、病気は社会のありようと深く関係するのである。

本章では、主に八世紀に日本で起きたパンデミック（広範囲で起こる疫病の大流行）を取り上げ、それがわれわれの住む日本国の誕生という一大事件とかかわるのだという話をしたい。

◈日本列島における疫病の発生――移動手段と交通路の発達

新たな伝染病が海外から日本列島にやってくる。このことは人の移動がある以上、大昔からあったはずである。しかしこれが流行病、つまり疫病となるためには、病原体の感染者が短期間のうちに遠くまで移動しなければならない。移動する前に発症してしまったら、病気は広がりにくい。

そこでまず注目されるのは、日本列島にいなかった牛馬が渡来したことである。『魏志倭人伝』には三世紀の倭（日本列島）のようすが記されているが、そこには牛と馬はいないとある。また考古学的にも牛馬が大陸から来たのは、この弥生時代のあとの古墳時代のことだとされている。馬や牛は人間と共通の病原菌も保有する。また馬に乗ることで、人間の迅速な移動が可能となる。ということは病原体に感染した人が、発症する前に遠くまで移動するようになったことを意味する。つまり三世紀以降の日本列島では、疫病が発生しやすくなったのである。

次に交通路の整備も問題である。日本列島ではヤマト（奈良県）を中心とする国家的な統一が古墳時代に進む。これにつれて、政治の中心地とほかの主要な地域との間の道路や、航路を結ぶ港がだんだん整備されることになった。ヤマトの大王の使いや地方の豪族の使い（あるいは大王や豪族自身）の往来と、戦争にともなう軍勢の行き来が増えるからである。

また、朝鮮半島の国々（百済や新羅・高句麗・加耶諸国）との外交交渉が頻繁になると、外国使節が九州に上陸したあと、この道路や瀬戸内海の航路を通って、ヤマトにいる大王の宮殿にやってくる。使節団が大勢の随行員を連れていれば、その中に病気の感染者がいて、港や道路沿いの地域、そしてヤマトに病気をもたらす。

六世紀以前にさかのぼるとみられる外交儀礼では、外国使節が大阪湾に上陸した後、ヤマトまでの旅の途中で、何度かケガレを清めるためのハライとして神酒を賜ったとされている。また七世紀以前にさかのぼる亀卜（亀の甲を焼く占い）では、外国使節が来ることで祟りがおきないか神意を占うのが恒例であった。さらに六世紀に百済から仏教がもたらされたが、『日本書紀』欽明一三年（五五二）冬一〇月の条に収録されるエピソードでは、大臣の蘇我稲目が仏像を祀ったところ疫病がはやったため、これに反対する物部尾輿と中臣鎌子が仏像を難波の堀江に流し捨て、寺に火をつけたとある。

このとき国内に疫病が起こったという話は、別の史料である『元興寺縁起』にもある。百済から来た仏は当時「仏神」とよばれており、このときには疫病をもたらす外国の神と認識されたのである。恐らく外国使節の来訪とともに疫病が起こるという、経験的知識があったからであろう。似た発想はその後も見受けられる。貞観一三年（八七二）一二月に渤海国（今の北朝鮮・中国・ロシアにかけて存在した国）の使節が来たときも、翌正月に都で咳逆病（インフルエンザか）が流行したため、「異土の毒気」が原因だと噂された（『日本三代実録』）。

◈「日本国」の成立と日本列島におけるパンデミックの登場

七世紀後半になると、ヤマト王権は律令国家とよばれる国家制度をつくり、それまでの倭国にかえて「日本国」という国号を使うようになる。

律令国家は中国をまねた中央集権国家であった。中央集権国家ということは、政府の命令を迅速に末端まで伝えなければならない。地方を治めるために、貴族が国司となって都から地方に下った。外国軍隊の侵入や政府に逆らう者がいれば、軍団を送って防御や鎮圧をする必要がある。国家の運営費用もかかるから全国から税を徴収しなければならない。そこで律令国家は七道（東海道・東山道・北陸道・山陰道・山陽道・南海道・西海道）とよばれる幅広い直線道をはじめとする道路や、沿線の駅（役人用の宿泊・馬の交換施設）を整備した。これらの道路を国司や使者、調・庸などの税を運ぶ人びとが頻繁に行き来するようになる。その中心には、律令国家の都として造られた都城、つまり日本最初の都市である藤原京や平城京・平安京などがあった。

このためにそれまでとは比較にならないほど、広い範囲で疫病が蔓延するようになった。いったん都に病原体が持ち込まれれば、おおごとになる。平城京は人口五〜一〇万という、当時最大の人口密集地である。病原体の人から人への空気感染が起こりやすい場所である。また貴族の屋敷での排便は、水路を通って都を走る溝や川に流れこむ。虫や小動物が病原菌を媒介しやすい環境である。近年の研究によれば、平城京にも食品販売店があったようなので、都を流れる川や溝からハエやネズミが病原菌を販売店の食物に運び、それらを食べることによる経口感染も多かったはずである。そして感染者が、整備された道路を通って地方に移動する。発病した地域で疫病が流行すると、またそこで新たに感染した人により病原体は遠方に運ばれた。

ちなみに九州では大宰府が都と同じ機能をもっていたので、大宰府で疫病が発生すれば西海道を通って九州中に疫病が蔓延することとなる。

律令国家ができて最初の疫病の大流行は、慶雲二年（七〇五）に発生したようである。政府編纂の歴史書『続日本紀』には、次のような記事がある。

・（慶雲二年）この年、二〇か国で飢饉と疫病が起こったので、医薬や施し物を賜った。
・（慶雲三年）閏正月五日　京・畿内と紀伊・因幡・三河・駿河などの国で疫病が起こった。医薬を賜って療養させた。

・閏正月二〇日　天皇の命令で神々に祈禱させた。天下の疫病による。

・夏四月二九日　河内・出雲・備前・安芸・淡路・讃岐・伊予等の国に飢饉と疫病が起こった。使者を遣わして施し物を賜った。

・この年、天下諸国が疫疾となり、民が多く死んだ。始めて土牛（五色に塗った土製の牛形）を作って、大儺を行った。

・慶雲四年二月六日　諸国の疫病のため、使者を派遣して大祓させた。

慶雲三年に、疫鬼を追い払う中国の祭りである大儺（のちの追儺）が、日本でも始まった。事態が深刻であったことがわかる。ではこの疫病はいつ日本で発生したのだろうか。実はこの疫病が発生した慶雲二年の八月一一日に、文武天皇（六九七～七〇七年在位）が干害に対処するために大赦を命ずる詔を出しているが、そこでは疫病には触れられていない。つまりこの時点では疫病の大流行は起こっていなかったのである。

この二か月後の一〇月三〇日に新羅貢調使の金儒吉が来て、一二月二七日に藤原京（奈良県橿原市～明日香村）に入っている。またこの外交使節を迎えるため、一一月に諸国から騎兵が集められていた。疫病の流行地域をみると、三河（愛知県）・駿河（静岡県）はともかく、藤原京・畿内（奈良県・大阪府・京都府）と安芸（広島県）・備前（岡山県）・淡路（兵庫県）・伊予（愛媛県）・讃岐（香川県）といった瀬戸内海諸国は、新羅使の通過経路ぞいである。また出雲（島根県）・因幡（鳥取県）・紀伊（和歌山県）はその近隣である。よってこの新羅使が疫病を持ち込んだ可能性が高い。慶雲四年（七〇七）二月一九日の条に、「諸王や臣下の五位以上に文武天皇が命じて遷都の事を協議させた」とあり、三年後には平城京（奈良市）に実際に遷都している。これは疫病に恐れをなしたからだとの説もある。

このときの疫病の正体は不明であるが、天平七年（七三五）に天然痘の大流行があったときの記録には、「若死にする者が多い」とあるので、多くの高齢者が天然痘の免疫をもっていたのかもしれない。それなら、その約三〇年前（一世代前）の慶雲二年の疫病も天然痘だった可能性があろう。なお天平七年の天然痘は、九州から始まって都まで流行が広がっている。

◈政府の壊滅

天然痘の二年後の天平九年（七三七）にこちらはほぼ間違いなく新羅から持ち込まれた疫病は、古代史でもまれにみる大惨事となった。全国で流行しただけではなく、都にあっては時の政府を壊滅状態に追いこんだのである。

きっかけは、今度は前年に日本から新羅に派遣された遣新羅使である。この外交使節は理由不明のまま新羅に受け入れて貰えず帰国をした。日本政府内では、「新羅を懲らしめるために軍隊を送れ」「いや、事情を聞く使者を送ろう」と意見が分かれた。想像するに、新羅は疫病の流行を隠蔽しようとしたのだろう。当時の日本と新羅は微妙な関係にあったからである。一方、遣新羅使の大使である阿倍継麻呂は新羅で罹患して、帰路の対馬で亡くなった。使節一行は正月二六日に奈良の平城京に戻ったが、今度は副使の大伴三中が発症して、京外に留め置かれた。だが三中は三月には回復しており、この疫病騒ぎはこれで収まったかにみえた。

ところが四月になって政権の一翼を担う参議の藤原房前が疫病に罹って亡くなると、政府の首脳陣は続々と病気に倒れて死亡していった。地方でも同じく四月に九州で疫病が流行したのを皮切りに、夏から秋にかけて広く全国で疫病が流行した。

政府は右大臣藤原武智麻呂、参議房前・宇合・麻呂（藤原四兄弟）らの首脳を失って、光明皇后の異父兄で、病死を免れた橘諸兄が政権の座につく。この疫病は、藤原四兄弟に陥れられて自殺に追いこまれた左大臣長屋王の怨霊のためと認識されたらしい。疫病発生の直後、長屋王の遺児らが急に位を進められているからである。これを機に、日本では怨霊信仰（御霊信仰）が発展する。現在の祇園信仰や天神信仰は、こうした怨霊・御霊信仰の発展形である。

次に、『続日本紀』に記録されるこの疫病の死没者を箇条書きに整理しよう。死亡原因が明記されない者もほとんどが疫病によるとみられる。

・四月一七日　参議・民部卿・正三位藤原房前が亡くなった。
・四月一九日　大宰管内諸国（九州）は疫瘡が流行して、人びとが多く死んだ。天皇の命令で九州の諸社で祈禱した。また貧しく疫病人の出た家に施し物を与え、薬湯を賜ってこれを療養させた。

・五月一九日　四月以来、疫病と日照りがともに起こっているとして天皇が大赦などを命じた。

・六月一日　月初め恒例の宮廷での儀式をやめた。官人全体が疫病を患っているからである。

・六月一〇日　散位（官職についていない者）・従四位下大宅大国が亡くなった。

・六月一一日　大宰大弐（＝大宰府次官）・従四位下小野老が亡くなった。

・六月一八日　散位・正四位下長田王が亡くなった。

・六月二三日　中納言・正三位多治比県守が亡くなった。

・七月五日　大倭・伊豆・若狭三国の飢饉・疫病の人びとに物を賜った。散位・従四位下大野王が亡くなった。

・七月一〇日　伊賀・駿河・長門三国の疫病・飢饉の民に物を賜った。

・七月一三日　参議・兵部卿・従三位藤原麻呂が亡くなった。

・七月一七日　散位・従四位下百済王郎虞が亡くなった。

・七月二五日　天皇の使者が右大臣藤原武智麻呂の邸宅に行き彼に正一位・左大臣を授けたが、この日に亡くなった。

・八月一日　中宮大夫兼右兵衛率・正四位下橘佐為が亡くなった。

・八月五日　参議・式部卿兼大宰帥・正三位藤原宇合が亡くなった。
・八月二〇日　三品水主内親王が亡くなった。天智天皇（六六八～六七一年在位）の皇女である。

大臣・中納言・参議は政府首脳がつく地位である。なお当時、貴族とみなされた五位以上の四割が亡くなったとされている。以上に続いて次のような記事がある。「この年の春、疫瘡が大いに起こった。初め九州から来た。夏をへて秋にわたった。上級貴族をはじめ、天下の人びとであいついで死ぬものは数え切れない。近ごろないことである」と。時の聖武天皇（七二四～七四九年在位）が、この疫病に恐怖を感じたことはまちがいない。のちに東大寺大仏建立を思いたつのも、疫病の影響が大きかっただろう。

この疫病は瘡ができる病気で、天然痘説・麻疹説がある。当時の政府がこの病気を天然痘（疱瘡・豌豆瘡）あるいは麻疹（赤班瘡）だとするためで、一般に天然痘説が有力視されている。ただし、二年前の疫病が天然痘なら、そこで多くの人びとに免疫が成立しているはずなので、前回以上に大流行するのかという問題がある。一方で政府は、セキ・嘔吐・吐血や鼻血のほか、血便を含む下痢をもっとも警戒して治療法として腹や腰を温めることや食事についての入念な指示をしているので（『類聚符宣抄』三）、胃腸の病気ではないかとも考えられる。関連して、新羅から伝わって春に一度収束したのち、旧暦四月、つまり現在なら昆虫の活動が盛んになる初夏の五月になってから爆発的に広がったことも気になる。よって腸チフスもありえる。このときの病名は現在の研究者の間でもまだ確定していない。

◈排外意識

八世紀前半の疫病の流行をみていると、日本国の成立が「日本」という単位で疫病流行を引き起こしたことがわかる。日本の各地が道路網でつながれ、都を中心に人が頻繁に行き来するようになったからである。また外国の使節や外国に派遣した使節も、道路や整備された航路を通ってスムーズに移動する。疫病が広がるのは当然である。

この裏返しとして、「日本に疫病をもたらす外国」という考え方が生まれ、排外意識を日本人にもたらすこととなった。相手を意識するのと、自己を認識するのとはコインの表裏である。八世紀の疫病はすべて、新羅国から伝わったと疑われる。この結果として、外国人は不幸をもたらす存在だという考え方も強くなる。

天平宝字七年(七六三)、外国人女性と結婚した高内弓(こうのないきゅう)という留学生が、妻子を連れて渤海国より帰国の船に乗った。その船が嵐にあったとき、船師は「異国の女性が船に乗っているからだ」といって、みなでこの女性と子どもらを嵐の海に投げこんでしまった(『続日本紀』)。

また、節分の豆まきの原型に追儺という古代の儀式がある。大晦日に黄金四つ目の仮面をかぶって方相氏(ほうそうし)に扮した者が、桃の弓・葦(よし)の矢をもった貴族官人の先頭に立って大声を上げて宮中を走り回り、そこここに隠れている疫病を引き起こす鬼を追い立てて、日本の領域の外に追い出そうとするものである。この際に陰陽師が祭文を読むが、その大意は次のようである。

> 穢らわしく悪い疫鬼で、そこここや村々に隠れている者は、千里の外、四方の境、東方は陸奥、西方は遠値嘉、南方は土佐、北方は佐渡より遠くをお前たち疫鬼のすみかと天皇がお定めになり、五色の宝物（五色のうすぎぬ）、海山の種々のうまい物（酒、飯、干し肉など）を賜って、早々に退散せよと退けなさったのに、よこしまな心を懐いて隠れて留まっていれば、大儺公・小儺公が五種類の武器をもって追いかけて刑殺するぞと聞けとお命じになっている。（『儀式』一〇）

陰陽師の読む祭文は、陸奥（東北地方太平洋側）を東、土佐（高知県）を南、値嘉嶋（五島列島）を西、佐渡島を北の境目として、疫鬼に「供え物を食べて、この境界の外に行け、そうしないと殺すぞ」と告げているわけである。日本の内と外国をわけて、外国を疫病のやって来る場所、外国人は神々を怒らせるという観念が九世紀にはできていたことがわかる。

こうした日本の内と外という意識は、「日本」の誕生とほぼ同時に起こった統一新羅の成立、つまり「朝鮮」国家の誕生とも深くかかわっていた。

朝鮮半島はもともとひとつの国ではない。さまざまな名称でよばれる人びとが住み、中国の勢力が伸びたこともあり、そこには倭人系の人びとも住んでいた。しかし統一国家新羅ができて、倭人系の人びとも同化されて姿を消す。新羅以降、半島では途中で王朝の交代があり、現在は北の朝鮮民主主義人民共和国と南の大韓民国に二分されている。だが半島は一つの国であり、住民は一つの民族であるという観念が厳然と存在する。

新羅国と日本国が成立したとき、朝鮮半島と日本列島との間には明確な国境があるという考え方が生まれた。新羅と日本は別の領域だというこの発想は、まずは支配者たちの間で定着し、後に一般民衆の間にも広がっていく。古代の疫病の流行はこの考え方を強めたわけである。

◈病気の原因

しばしば疫病に見舞われた律令国家の時代を一般に奈良時代とよぶ。病気の原因についての考え方がせめぎあった時代でもあった。新たに唐から最新の医書がもたらされて医療機関で学ばれたが、これは陰陽五行説にもとづくもので、病気の原因は陰陽の不調だとされた。陰陽五行説とは、万物は陰気と陽気、あるいはそこから生まれた五要素（木・火・土・金・水）の組み合わせでできているという、中国のもっとも基本的な自然観である（第一部「失政が天変地異を招く――儒教」参照）。

また、この奈良時代には仏教が政府の保護を受けて本格的に発展し、平城京をはじめ、全国で次々と寺院が建立された。仏教では良い行いには良い結果が、悪い行いには悪い結果がもたらされるとする。仏教の普及はこの因果応報の考え方が広まることでもあった。病気は自分の行いの報いということになる。

また中国の儒教も、律令国家の大学で学ばれた。この儒教では、天変地異は政治が良くないとき、天が為政者に警告を発するために起こすとされ、天皇はこのようなとき、大赦（囚人の釈放）や放置された遺体の埋葬、殺生禁止や身寄りのない老人や子どもへの施し物などの善政とされる施策を行った。

しかし、病気のような災いは神々の祟りによって起こるという、昔ながらの考え方もまだ力をもっていた。これに加えて、非業の死を遂げた貴人は怨霊となって疫病を起こすという新たな考え方が日本にも現れる。先述したが、天平九年（七三七）の疫病が長屋王の怨霊の仕業と考えられた可能性は高い。

なお、怨霊信仰はその後発展して、この少しあとに新政府首脳に不満をもって反乱を起こした藤原広嗣（ふじわらのひろつぐ）（疫病で亡くなった宇合の子）も、戦いに敗れて殺された後、怨霊になったと人びとに信じられた。八世紀の終わりには、桓武（かんむ）天皇（七八一〜八〇六年在位）側近の藤原種継（ふじわらのたねつぐ）暗殺事件にかかわったとされ、早良（さわら）親王（桓武天皇の弟）が皇太子を廃された。早良は無実を主張してハンガーストライキを行い、その結果亡くなると、彼の怨霊が猛威を振るうこととなる。そして一〇世紀になると最大の怨霊である菅原道真霊が登場する。

このように八世紀の人びとは、次々と起こる疫病という新しい事態におびえると同時に、その原因を説明するいくつもの新しい考え方が生まれたためそれに翻弄された。

この時代の人びとのとまどう姿を示すのが、歌人として有名な山上憶良（やまのうえのおくら）が作った「沈痾自哀文（ちんあじあいぶん）」（『万葉集』五）である。これは病気になった自分を悼（いた）むもので、以下、その一部の大意を紹介しよう。

仏教では、生き物を殺すのは悪いことが起こる原因となるという。しかし、禽獣を殺して食う者や、魚介類を捕らえて売る漁師や海女がなにごともなく身を全うすることもある。これに対して自分は生まれてこのかた、善行をしようという志をもち、悪事をなそうなどという考えはなく、仏陀・仏法・僧侶を礼拝して毎日勤め、経を読み、過ちは懺悔した。また、もろもろの神を敬うなどの行為を欠かさない。それなのに、自分は重病に伏している。どのような罪を犯して、この重病を患ったのか？ 前世でつくった罪のためか、あるいは現世で犯した過ちのせいなのか、自分にはわからない。罪過を犯していないなら、どうしてこのような病気になったのか。この禍（わざわい）の原因、その原因である祟りが何かを知ろうと、あらゆる亀卜師、まじない師の家を訪れた。当たっていようといまいと、その教えに従って、あらゆる祈禱をした。だが病気は悪くなるばかり。

「病気は口より入る。だから君子はその飲食を節制するのだ」という先人の言葉もある。これによるなら、人の疾病は必ずしも妖鬼（ようき）のせいではない。私の病気も飲食のせいで、自分ではどうしようもないものかもしれない。

憶良は八世紀初頭、遣唐使として唐に渡った。唐では、それまでの倭国に代えて「日本国」という国号を認めさせるのに一役買った人物であり、かなりの知識人だった。だが、それだからこそ、かえって病気に関する海外の種々の新知識に取り囲まれて、どれが正しいか迷っているようにみえるのである。

もっとも、次の平安時代になると、貴族は病気の原因としてまずは陰陽の不調を考えた。万物が陰陽五行でできているとされたので、病気は人体の陰陽五行のバランスが悪いということである。たとえば藤原実資という貴族が書いた日記『小右記』は、万寿四年(一〇二七)五月一九日の条に次のように記している。

> 昨日から下痢をしている。今日はある程度良くなった。風病である。陰陽師の中原恒盛が占って言う、「祟りはない。風気である」と。

当時の風病の治療薬としては生葛根等湯や呵梨勒丸(カリロクの果実で作った薬)などがあり、一〇世紀の朝廷医師である丹波康頼がまとめた『医心方』(現存する日本最古の医書)の巻三に、風病の処方が載っている。風気は四時五行の気とされ、風病は風気によって起こる気の不調である。こうした単なる人体の不調＝病気は医師の診断と治療の対象である。

一方で、神仏の祟りを病因とすることもあった。邪気が憑いている場合は、僧侶が修法・加持によって治療する。しかし神が祟っている病気は、僧侶は遠慮して加持をしない(なぜかは神仏の複雑な関係がある)。流行病は疱瘡神(天然痘の疫病神)などの神の引き起こすもので、こちらは陰陽師などが治療にあたった。

論理的に考えれば、病因は直接的には身体の陰陽不調であるが、それを引き起こす外部要因として気候などがあり、また背景に因果応報も想定された。重篤な皮膚病やハンセン病を含む「癩（らい）」が、一方では外部要因である虫が五臓を食うことで起こるとされながら（養老戸令目盲条義解（ようろうこりょうもくもうじょうぎげ））、一方では、仏教で因果応報によって起こる業病（ごうびょう）とされたのはこれで説明できる。また、『今昔物語集』巻二四・九話に、蛇に犯された女の話がある。医師はこの女性を薬で治すが、宿因（しゅくいん）（前世の因縁）の場合は治療しても無駄だとの見方を示している。

以上のことを整理すれば、寒気などの外部要因で身体の陰陽五行のバランスが崩れた場合、これを回復すべく治療するのが医師、外部要因として霊的存在（神・邪気）が病気を引き起こしている場合は、陰陽師や密教僧などが神仏に祈って対処する。しかし因果応報の理（ことわり）で病気が起こっている場合は、僧侶が患者に懺悔をさせたり功徳を積ませたりすることで対処する。

こうした疾病認識は、律令国家がもたらした日本全国規模の大流行病という経験をふまえ、海外から新たに導入された種々の病気に関する知識と、昔からの病気理解とがある程度整理された結果である。またこのころになると、大陸由来の病原菌やウイルスが日本国内に定着して、人びとの免疫力も高まり、一定の安定状況がもたらされたと思われる。

◈おわりに

疫病の発生する範囲は、交通網が発達してひと・モノ・情報が頻繁に行き来する空間と、そうでない空間とで異なっている。律令国家の成立は、ひと・モノ・情報が行き来する空間としての「日本」が生まれたことを意味した。このことは、国内と海外との違いを生み出し、疫病がやって来る外国に対して一種の恐怖感を感じさせる結果となった。

ナショナリズムはさまざまな理由で誕生して、また発達する。病気の流行が社会の在り方とかかわる以上、病気もナショナリズムと無関係ではありえないのである。

【参考文献】

網野善彦『日本社会の歴史』上中下、岩波新書、一九九七年
石弘之『感染症の世界史』角川ソフィア文庫、二〇一八年
鈴木隆雄『骨から見た日本人』講談社学術文庫、二〇一〇年
ジャレド・ダイアモンド／倉骨彰訳『銃・病原菌・鉄』上下、草思社、二〇〇〇年（文庫本二〇一二年）
細井浩志「疾病と神仏―律令国家の成立と疫病流行および疾病認識―」安田政彦編『自然災害と疾病』竹林舎、二〇一七年
宮川麻紀「古代の「店」と都城」日本歴史学会編『日本歴史』八五〇号、二〇一九年
吉田孝『日本の誕生』岩波新書、一九九七年

朝鮮における天変地異と予言——讖緯書『鄭鑑録』に描かれたユートピア

佐々　充昭

◈はじめに

アジア大陸の東端に位置する朝鮮半島は、大陸と陸続きという地理的条件もあって、中国から文化的な影響を強く受けてきた。天変地異に関しても、中国の漢代に唱えられた災異説（第一部「失政が天変地異を招く——儒教」参照）が流入して以降、朝鮮の為政者は天譴（君主に対する天からの戒め）論の立場から、その意味を理解しようとした。ここではまず、朝鮮の歴代王朝で天変地異がどのように理解されたのか、為政者の立場から記された歴史書の記事を通じてまとめてみる。

天変地異のなかで、朝鮮の人びとが最も関心をもったのは干ばつである。これは農業生産に直結する事柄であったからである。しかし、朝鮮時代（一三九二〜一九一〇年）に入ると、地震に対する関心と警戒が高まっていった。これに関しては、とくに一六世紀から一七世紀にかけて朝鮮半島で地震が多発し、しばしば大型地震による被害が発生していたことが知られている。朝鮮時代において地震はどのようにとらえられ、また大地震が発生した際にどのような対策がとられたのか。各種の歴史書に記された地震記録をもとに考察していく。

一方、被支配者階層である朝鮮の一般民衆は、天変地異に対してどのような対応をとったのだろうか。彼らの多くは農民であり、特権的な士大夫だけが学ぶことができた中国の古典文化からは縁遠い存在であった。彼らは自らの生活基盤を破壊する天変地異に直面して絶望し、先祖代々伝えられてきた土着の民間信仰のなかに精神的な救いを求めようとした。また彼らのなかには、朝廷の支配に不満を抱き、天変地異を口実にして現王朝の崩壊を訴える者もいた。

これと関連してとくに注目したいのは、朝鮮時代の後期に『鄭鑑録(ていかんろく)』という讖緯書(しんいしょ)(予言の書)が民衆の間で流行した点である。『鄭鑑録』では、天変地異やさまざまな災難によって朝鮮王朝が滅亡し、その後で新たな王朝が建てられ、災いのない至福の時代が到来すると記されている。このような予言は、朝鮮王朝の圧政に苦しんだ被支配者階層の人びとの反抗・抵抗を示したものであった。以下では、『鄭鑑録』が登場した社会的背景について説明しながら、その中に込められた終末論的なユートピア思想について明らかにする。

◈歴史書に記された朝鮮半島の天変地異

中国の歴代王朝がそうであったように、朝鮮でも、新たに建てられた王朝がその前の王朝の歴史を正史としてまとめあげた。まず三国時代（高句麗、百済、新羅が鼎立した紀元前一世紀から七世紀まで）から統一新羅時代（六七六～九三五年）にかけて起こった天変地異については、高麗時代（九一八～一三九二年）に編纂された『三国史記』に記されている。ただし、『三国史記』自体が中国の歴史書の体裁にならったものであったために、天変地異の分類法や対処法についても、中国の歴史書（『後漢書』五行志など）の内容に似たものとなっている。

具体的にみると、『三国史記』では、天変地異を大きく天変と地変に区分している。天変では、日食・月食、太陽・月・惑星の異変、隕石など、おもに天体に関する現象が扱われている。高句麗・百済・新羅のいずれにおいても天文に対する関心はとても高かった。高句麗では都である平壌に天文台があったとされ、百済でも天文観測が行われていたことが記されている。新羅でも善徳女王（六三二～六四七年在位）の時代に瞻星台が築造された。これは「東洋最古の天文台遺跡」として韓国の国宝に指定され、二〇〇〇年にはユネスコ世界遺産「慶州歴史地域」のひとつに登録されている。

新羅が三国を統一した後も、日食・月食や各種の天体観測が引きつづき行われた。しかし、天体の異変に際して政治的な解釈を加えたり、あるいは朝廷行事に関する吉日・吉方などを占ったりするなど、多分に占星術の要素をおびたものであった。とくに日食に関する記事は、王の死、敵軍の侵入、飢饉などといっしょに記録されている。このことから太陽の異変が国王や国家の一大事を象徴し、農事にも影響を与える不吉な兆候と考えられていたことがわかる。

地変としては、異常気象や自然災害に関することが扱われている。とくに自然災害に関しては、三国ともに干ばつの記事が最も多い。そのほか、大水（洪水）、雹（ひょう）、冬の雷、蝗（いなご）、地震、山崩れ、大風による倒木、龍蛇孽（りゅうじゃげつ）（龍や蛇が出る災い）などがあげられている。雹や蝗などによる災害は穀物収穫に大きな被害を与えたことから、孤児、寡婦、老人らに衣服と食糧を供給するなどの対策がとられた。また洪水が発生したときには、罪人を釈放し、多くの恩赦を施したという記録もある。このような対応は、「君主の徳を以て天からの戒めに報いる」という天譴論の考えによるものであった。さらに統一新羅時代になると、自然災害に際して、ただ国王だけでなく、家臣や官僚の不徳にまで責任の範囲が広げられ、国家全体で対策を講じる例もみられた（第三部「天変地異は天子の責任か？——康熙帝の地震観とヨーロッパの科学知識」参照）。

高麗時代に発生した天変地異については、朝鮮時代の一四五一年に完成した『高麗史』に詳しく記されている。高麗時代には、建国当初から書雲観（しょうんかん）という部署が設けられた。そこでは天文のほか、さまざまな自然現象の観測が行われ、暦や占いの一環としてその解釈が行われた。そのために『高麗史』では、天変地異に関する記事の数が格段に増え、より詳細な報告がなされている。

それらをみると、天変地異が発生した場合、まず国王自らが責任を感じて善行を行うようにしたことが記されている。食事の際におかずの数を減らし、音楽などの娯楽を慎んで、狩りを禁止したりしたが、これは中国で行われていたことをそのまま受け入れたものであった。また、朝廷でもさまざまな対応策がとられた。自然災害による災厄を消しはらうために、仏教・道教・巫俗（朝鮮土着のシャーマニズム）などの儀式がとり行われた。仏教では斎（浄めの儀式）を行ったり、仏教経典の読誦や講読会を行ったりした。それとあわせて、道教の醮祭（星祭り）などの儀式も行われた。とくに干ばつに際しては、巫堂（巫女のこと）を集めて祈雨祭（雨乞い）を行ったり、山川などを巫俗の方法で祀ったりもした。仏教が盛んであった高麗時代では、朝廷の為政者であっても仏教を篤く信仰し、国家レベルで仏教・道教・巫俗にもとづく祭儀が行われたのである。しかし、高麗時代の後期になると、朱子学が受容され、朝廷の官僚を試験で登用する科挙の制度が実施された。それにともない、徐々に儒教経典を通じた君主の修徳の方に、天変地異対策の重点が置かれるようになっていった。

一三九二年に李成桂によって朝鮮王朝が建てられると、その傾向はよりいっそう強くなった。仏教を重視した高麗王朝に対抗するために、朝鮮王朝では建国当初から朱子学を積極的に取り入れた。そして朱子学を信奉した儒学者たちが科挙に合格し、両班とよばれる特権的な支配者階層をなしていった。これによって、朱子学は朝鮮王朝の統治理念としての役割を果たすようになった。

朱子学では、人間の性（本性）と情（感情）を宇宙の理（ロゴス／法則性）と気（生命／物質）に対応させて、「性＝理、情＝気」とみなした。その上で、統治者である君主の本性が正しい状態にあるならば、宇宙の理が正しく現れ、それに合わせて自然や社会も規則正しく運行すると考えられた。これは、天譴論の根拠となった天人相関説（人間精神が自然現象に感応するという説）をより精緻な形で説いたものであった。このような朱子学の理論を朝鮮の両班は熱心に受け入れていった。こうして朝鮮時代では、以前にもましてより厳格な君主の修徳論が展開されるようになっていった。

このような思想を唱えた代表的な儒学者として、李珥（一五三六〜一五八四年、号は栗谷）があげられる。彼は一五五八年に著した「天道策」（『栗谷全書』巻一四に収録）の中で次のように述べている。

ひとつの気が動いて変化し、分散することによってさまざまな違いが生じ、個別に分かれて天地の万象が現れる。もともとは同じひとつの気から生じたものであり、合すれば同じひとつの気となる。（中略）君主の心が正しければ、朝廷が正しくなり、朝廷が正しくなれば、四方が正しくなり、四方が正しくなれば、天地の気もまた正しくなる。（中略）天地の気が正しければ、太陽と月が互いに犯しあって日食や月食が起こることもなく、惑星が本来の軌道をはずれることもない。（中略）天は雨・太陽の光・暖かさ・寒さ・風で万物を生成し、君主は厳粛さ・統治力・賢明さ・計画性・神聖さをもって、天道に応じるのである。このように考えると、天地が安定して万物が育成するのは、ただ君主一人の修徳にかかっているといえよう。

このような考え方は、朝鮮時代の儒学者に共通してみられるものであった。そのために、天変地異による災害が発生した場合、国王は朝早くから夜遅くまで自己省察に没頭し、王宮の主殿を避けておかずの数を減らし、禁酒をするなどして、その行動を慎むようにした。また、自らがとった政策に誤りがなかったか確かめるために、大臣を訪れて意見を聴取したり、新たな人材を登用したり、誤って投獄された者がいないか再審理を行ったりした。このような対応策は従来通りのものであった。ただ朝鮮王朝では、形式よりもむしろ国王の至誠(しせい)(真心)がより強調された。国王が天に対して誠の心で祈り、自らの不徳を心から反省することによって、天がこれに感応し、自然の秩序を元通りにしてくれると信じられたのである。

このような考え方は、国王の心持ちが天地の自然現象に影響を及ぼすという意味で、王権の絶対性を正当化することにつながった。しかし、天変地異を口実にして国王の統治策を批判することができるという点では、王権を牽制する論理ともなりえた。実際、朝鮮時代を通じて天変地異の発生は、国王の政治に対する批判材料となり、しばしば有力両班による権力闘争に利用されるなど、王権を制約する一面をもっていた。

◈朝鮮時代の地震記録

朝鮮時代に起こった天変地異に関しては、歴代国王の歴史を記した朝鮮王朝実録や、朝廷の行政事務について記録した『承政院日記』のなかに記録されている。高麗時代に設けられた書雲観は、朝鮮時代に入って一四六六年に観象監(かんしょうかん)と改称され、引き続き天文・気象観測を行う機関としての役割を果たしていった。

ここでの観測結果にもとづいた天変地異の詳しい記録も残されている。それらの記録は、朝鮮全土の文物に関する百科全書として一七七〇年に編纂された『東国文献備考』（全一〇〇巻）や、これを大々的に改訂して一八〇九年に完成した『増訂文献備考』（全二三五巻）の中にまとめられている。ただし、これらの百科全書は中国元代に編纂された『文献通考』をひな形としたものであり、そこに記された天変地異の記事も天譴論の立場から解釈された内容になっている。

それらの記録をみると、天変地異が発生した際、朝鮮では解怪祭（かいかいさい）という儀式をとり行っていたことがわかる。この儀式は、その名前のとおり、奇怪な怪異現象が発生した際に、朝廷が主催して行う特別な祭祀である。この儀式は高麗時代から行われていた。祭祀の対象となる怪異現象としては、石が鳴る、石が自然に移動する、石が自然に崩れる、大岩が崩れる、山が崩れる、地面が揺れる（地震）、海水が変色する、地面から炎がでる、白い蝶が天を覆う、火の塊が地に落ちる、雹が降る、などがあげられている。朝鮮時代に入っても、怪異現象に対する祭祀として、この儀式が引き続き行われた。朝鮮王朝実録をみてみると、朝鮮時代の初期である太祖一四年（一四一三）から文宗二年（一四二五）の間に合計一四八件の解怪祭がとり行われている。

ところで、解怪祭に関しては、注目すべき現象がみられる。端宗（一四四一～一四五七年在位）の時代を起点として、それ以降は、解怪祭の対象がほぼ地震だけに集中するのである。その理由については詳しいことはわかっていない。ただこのころから、朝鮮半島で地震の回数が増えはじめ、大地震がしばしば起こるようになっている。

朝鮮半島で発生した地震に関しては、韓国の地震学者によって詳しい研究がなされている。たとえば、ソウル大学校地質科学科の教授であった李基和（イギファ）（「韓半島の歴史地震資料」『地球物理』第一巻第一号、一九九八年）は、各種の歴史書に記された地震記録を調べて、時代ごとの記事数と震度についてまとめている（［表二］参照）。

この表をみると、一六世紀から一七世紀にかけて地震の数が激増していることがわかる。とくに一六世紀には総七二一回の地震記録があり、震度五以上の地震が八回ある。さらに、一七世紀には総三六九回の地震が記録されており、震度五以上の地震も一四回発生している。その後、一八世紀になると地震活動はやや衰えをみせ、一九世紀に入ると地震活動の休息期に入ったかのように数が激減している。

また、規模の点からみても、一六世紀から一七世紀にかけて大地震が多発していたことがわかっている。たとえば、世宗四四年（一五六五）九月に平安道（ピョンアン）で発生した地震は、翌年の一月まで合計百余回の余震が発生しており、群発地震としては異例な数が記録されている。また、一七世紀の仁祖（一六二三～一六四九年在位）から粛宗（一六七五～一七二〇年在位）の時代にも大型地震が多発している。とくに粛宗七年（一六八一）四月から五月にかけて江原道（カンウォン）の東海岸で起きた連続地震は、朝鮮半島で発生した最大級の地震であるとされている（地図［朝鮮・日本］❽参照）。『粛宗実録』巻一一には、そのときのようすを次のように記している。

江原道で地震が発生した。雷のような音が鳴りひびき、土塀が倒れ、屋根の瓦がはがれ落ちた。襄陽(ヤンヤン)郡では海水が震動して、その音はお湯を沸騰させたかのようであった。雪岳(ソラク)山の神(シン)興寺(フンサ)と継祖窟(ケジョクル)の巨岩が崩れて壊れ、三陟(サムチョク)府西側にある陀頭(タドゥ)山の岩石もすべて崩れた。（中略）三陟府の東にある防波台が一〇丈余りも水中に沈んで、その石が中間で砕けてしまった。海の潮水が引いても、終日、水に浸かっている所が百余歩あるいは五、六〇歩も広がっていた。平昌(ピョンチャン)と旌善(チョンソン)では山岳で崖崩れが発生し、山肌がめくれ上がってしまうような異変が起こった。その後、江陵(カンヌン)・襄陽・三陟・蔚珍(ウルチン)・平海(ピョンヘ)・旌善などの村で一〇回以上も余震が続いた。このとき、朝鮮の全土で揺れが感知された。

［表二］朝鮮半島で発生した地震の歴史記録

時代	西暦	地震の記事数	震度五以上の地震
三国～新羅	二～九三六	一〇五	一六
高麗	九三六～一三九二	一七一	五
李朝建国～一五世紀末	一三九二～一五〇〇	二五二	六
一六世紀	一五〇一～一六〇〇	七二一	八
一七世紀	一六〇一～一七〇〇	三六九	一四
一八世紀	一七〇一～一八〇〇	二一〇	一〇
一九世紀	一八〇一～一九〇〇	八一	一

（表の作成に際して、原文の改正メルカリ震度を日本気象庁の震度に変更した）

この地震は「辛酉大地震」と称されているが、まるで二〇一一年に日本で起こった東日本大震災を彷彿とさせるような大きな被害が出ていたことがわかる。後に韓国の研究者たちによって、当時の被害記録にもとづく現地調査が行われた。その結果、この地震の震度は六以上であったと推定されている。

このように朝鮮半島では一六世紀から一七世紀にかけて地震が多発し、大型地震も発生した。このような異常事態に対して、朝廷側は解怪祭という儀式をとり行う他になす術が無かったのだろう。この時期に多くの解怪祭が行われており、『解怪祭謄録』という記録が残されている。これは、仁祖一六年（一六三八）から粛宗一九年（一六九三）までの五五年間にわたって行われた解怪祭の内容を記録したものである。それをみると、祭祀の対象とされた怪異現象のほとんどが地震を対象とするものであった。

最近の韓国では、このように朝鮮時代に地震が多発した時期が存在した事実について再び注目が集まっている。朝鮮半島はユーラシアプレートの東南部に位置し、プレートの境界からは数百キロ離れた地域にある。環太平洋火山帯に属する日本に比べると、比較的安全地帯で地震は少ない。ところが、最近の韓国では、マグニチュード四・五以上の地震が一九九〇年代に三回、二〇〇〇年代に四回発生するなど、大きな地震がたて続けに起こっている。とくに二〇一六年七月に蔚山市の近海でマグニチュード五・〇の地震が発生し、ついで二か月後の九月一二日にマグニチュード五・二と五・八の地震が発生した（地図［朝鮮・日本］❻参照）。この地震は一九七八年に韓国気象庁が地震観測を始めて以来、最大規模の地震であり、二三名の負傷者と一一〇〇件を上回る財産被害が報告された。そのわずか一週間後にも付近でマグニチュード四・五の地震が発生し、余震回数も四〇〇回を超えた。それから一年が過ぎて間もない二〇一七年一一月一五日にも、慶尚北道の浦項市で歴代二位の規模である地震が起こった（地図［朝鮮・日本］❼参照）。このときはマグニチュード五・四を記録し、八〇名の負傷者と多くの財産被害がもたらされた。このような大型地震の連続によって、朝鮮半島が再び地震活性化の周期に入ったのではないかと懸念する声が聞かれるようになり、韓国では地震に対する警戒感が高まっている。

◈『鄭鑑録』が登場した背景

朝鮮時代に入って地震が多発していたちょうどそのころ、朝鮮の国内外で大きな問題が相次いで起こった。一五九二年には壬辰倭乱が起こり、豊臣秀吉が朝鮮半島に侵攻した。一六三六年には丙子胡乱が起こり、明に代わって中国を支配した清が朝鮮に侵攻してきた。この二つの侵略戦争によって、朝鮮の国土は徹底的に破壊された。これに追い打ちをかけるように、一六世紀後半からは両班が複数の党派に分かれて権力闘争を繰り広げる党争が本格化した。

このように内憂外患の続く時代状況の中で、朝鮮の民衆は、天変地異にどのように対処したのだろうか。朝廷の為政者と同様に、一般の民衆も、国王の徳性と天変地異が密接に関係しているという天人相感的な世界観を共有していた。しかし、悲惨な時代状況に絶望した民衆は、天変地異の発生を、国王の徳が尽き果てて王朝の支配体制がすでに破綻していることのあらわれであるとみなした。こうして朝鮮時代の後期になると、李氏朝鮮王朝が倒れて新しい王朝が建てられるという易姓革命(支配者の姓がかわる王朝交替)が唱えられ、天変地異はその予兆とみなされるようになった。

このような革命思想は、天譴論のように君主(国王)が民衆をいかに統治するかといった発想から出てきたものではない。それはむしろ、君主(国王)による王朝支配を否定することによって、現実の生活に新たな希望をみいだそうするものであった。また、前者の発想が中国の儒教思想にもとづいていたのとは異なり、後者の革命思想は弥勒信仰などの仏教思想や朝鮮土着の巫俗信仰など、先祖から代々受け継がれてきた民衆的な救済思想にもとづくものであった。

そしてまた、このような革命思想は朝鮮特有の風水地理説と結びついていた。風水地理とは、山川や河の流れ、地形などを見極めて人間の吉凶禍福を占うものである。これはもともと中国に起源をもつものであるが、朝鮮に受容されてから独自の発展をとげた。その自然観をおおまかにいうと、天地間には気(万物を生成させる生命力)がすみずみまで流れており、その気脈(気の流れ)が「順」である場所には活力と繁栄がもたらされ、その反対に気脈が「逆」である場所には不幸と災いがもたらされるとするものである。風水地理とは気脈の流れを読みとって吉所をみつけ出すことをいい、それを専門に扱う人を風水師と称した。中国と同様に朝鮮においても、気脈の旺盛な場所に墓や家を建てて一族・家門の繁栄を願った。

とりわけ朝鮮においては、高麗時代から朝鮮時代にかけて風水地理説が流行し、政治にも利用された。新たに王朝が建てられる場合、旧王朝の勢力を断絶するために遷都が行われた。その際、高麗王朝の太祖・王建(ワンゴン)は風水術に通じた道詵(ドソン)という僧の進言に従って開京(かいきょう)(開城(ケソン))に都を定め、朝鮮王朝の太祖・李成桂は無学(ムハク)大師という風水師を重用して漢陽(ハニャン)(ソウル)に都を定めたとされる。彼らはいずれも、新王朝が末永く続くように風水地理説にもとづく気脈の旺盛な吉地に都を建設しようとした。その際、新王朝による易姓革命を正当化するために、民衆の間で流通していた讖緯書がしばしば利用された。

また、朝廷での権力闘争に敗れて地方に隠遁した没落両班のなかには、風水地理説にもとづいて王朝交替を唱える讖緯書を作成し、それを流布して朝廷の転覆を謀ろうとする者がいた。このような讖緯書が、王朝支配に不満を抱いていた民衆の間で熱烈に受け入れられていった。それらは民衆を惑わす妖書(ようしょ)として禁書の対象とされたが、讖緯書の流通は止むことはなかった。こうしてついに、李氏朝鮮王朝が滅亡して新王朝が到来することを予言した『鄭鑑録』が登場した。

『鄭鑑録』の著者や成立時期について確かなことはわかっていない。歴史記録をみてみると、『鄭鑑録』の名が初めて登場するのは英祖一五年(一七三九)の時である。『承政院日記』の同年五月一五日の記事に「讖書秘記(しんしょひき)の類」としてその名が初めて出てきた後、同年の六月から七月にかけて「鄭鑑録という荒誕(こうたん)な歴年記が北部地方で出回っている」とたびたび報告されている。これと関連する記事は、朝鮮王朝実録にも記されている。たとえば『英祖実録』巻五〇には、「西北の辺境の人びとの間で『鄭鑑讖緯の書』が広まっていた。朝廷の臣下たちは、それを燃やして禁じてほしいと訴え、その予言の出所を突きとめようとした」(英祖一五年八月庚申条)とある。

ここでいう西北地方とは、平安道と咸鏡道(ハムギョン)をさす地域であり、朝鮮半島北部(現在の北朝鮮の地域)のことである。この地方は、もともと高句麗の支配下にあった地域であり、尚武精神(武力を重んじること)が強いことで知られていた。朝鮮時代初期のころに、この地方の人びとが王朝に反旗を翻す事件(一四六七年李施愛(イシエ)の乱)が発生したこともあり、中央の朝廷から疎外され差別的な待遇を受けていた。このことから、『鄭鑑録』は朝鮮王朝の支配に大きな不満を抱いていた西北地方の人びとによって作成されたと考えられている。その後、李氏朝鮮王朝の滅亡を説いた『鄭鑑録』は、民衆の間でまたたく間に拡散し、一八世紀後半には朝鮮全土に浸透していった。

◈『鄭鑑録』の概略とその特徴

『鄭鑑録』はきわめて難解な予言書である。そもそも『鄭鑑録』が公の形で世に出てきたのは比較的最近のことであった。朝鮮王朝の滅亡を説く予言書ということで、朝廷側から禁書の対象とされたためである。『鄭鑑録』が初めて世に現れたのは、日本の植民地時代である大正一二年(一九二三)に朝鮮史研究家の細井肇が東京で『鄭鑑録』(自由討究社)を出版したときである。ただし、この公刊本は、朝鮮時代に流通していた数十編の讖緯書を収集して、それらを一冊の書物にまとめたものであった。その後、別の異本を収録したものが朝鮮人の手によって複数公刊された。それらの中には『鄭鑑録』とは別系統で作成された讖緯書も多く含まれていた。それらの讖緯書は、多数の写筆者によって転写を重ねながら秘密裡に伝えられてきたものである。そのために、『鄭鑑録』の原本を探し出すということはきわめて困難で、ほぼ不可能に近い。

それに加えて、『鄭鑑録』の内容自体が非常に難解なものとなっている。朝鮮王朝の滅亡を予言するという性格上、直接的な言いまわしではなく、寓意的な詩句・暗喩・隠語・破字などを使用し、わざと曖昧な表現で書かれているからである。とくに『鄭鑑録』を理解する上で重要なのは、破字の解読である。破字とは、一字の漢字を複数の部分に分解して表記する方法である。よく用いられるのは姓についての破字である。たとえば、「山隹」は「崔」、「奠邑」は「鄭」、「非衣」は「裵」、「木子」は「李」、「走肖」は「趙」の破字である。これに従うと、たとえば『鄭鑑録』の中に出てくる「奠邑馬に騎り、走肖羊に跨る」という文章は、「鄭氏が馬に乗り、趙氏が羊に跨がる」という意味に解読できる。『鄭鑑録』が民衆の間で人気を得たのも、このように曖昧な表現で読者に自由な想像力を喚起させ、多様な解釈を可能にさせたからであった。

『鄭鑑録』に対する関心は日本の植民地時代になっても衰えることはなく、解放後の韓国においてもその人気が持続している（第三部「植民地支配は天変地異に代わるものだったのか――近代朝鮮での王朝交替予言の変容」参照）。専門の研究書も韓国でたくさん刊行されている。それらによると、『鑑訣』という讖緯書を本体として、それと関連する数篇の讖緯書を付したものが『鄭鑑録』の原形であるというのが通説となっている。以下では、おもに『鑑訣』に記された内容をもとに『鄭鑑録』の特徴についてみてみることにする。

『鄭鑑録』の最も大きな特徴は、朝鮮特有の風水地理説と結びつけて各王朝の興亡を予言している点である。その予言は、完山伯に封じられた漢隆公の次男・沁と三男・淵が鄭公（鄭氏の先祖である鄭鑑のこと）といっしょに朝鮮全土を周遊しながら対話を交わすという形式で述べられている。主人公であるこの三人は、いずれも架空の人物である。その内容を要約すると次のとおりである。

まず中国の崑崙山の気脈が朝鮮半島の白頭山に至り、その元気（根源的な気）が白頭山から平壌（高句麗の都）に至る。しかし平壌はすでに千年の運数が尽き、松岳の地（高麗の都が置かれた開京、現在の開城）へ移った。松岳は五百年のあいだ都に定められた土地であったが、邪悪な僧侶と宮女が跋扈したために地気が衰え天運がふさがり、元気は漢陽（朝鮮王朝の都が置かれた漢城、現在のソウル）へ移った。しかし、元気が再び枯渇してしまったために、気脈は金剛山へ移り、太白山と小白山に至る。そこで山川の気運が再び凝集して鶏龍山に入って行き、鄭氏が八百年のあいだ都を置く土地となる。その後、伽耶山が趙氏千年の都となり、続いて全州が范氏六百年の都となる。そして、元気は再び松岳の地に入って王氏が復興される。その後はどうなるか定かではない。このように、朝鮮半島最高峰の白頭山（標高二七四四メートル）を起点として元気が徐々に南下していき、それがとどまった場所に新たな王都が建設されると説明されている（地図［朝鮮・日本］❶～❸、❺と▲1～▲3参照）。その王朝興亡の推移をまとめると［表二］の通りである。

このように『鄭鑑録』では、過去だけではなく、未来を含めて数千年にわたる王朝興亡の歴史について述べている。しかし、その予言の大半は鄭氏の新王朝へ移行するときのことに集中している。以下では、李氏朝鮮王朝が滅んで新たに鄭氏王朝が建てられる際にどのようなできごとが起こるのか、その予言の内容について具体的にみていくことにしよう。

◈鶏龍山遷都にともなう大艱難（かんなん）説

先に述べたように、新たに勃興する鄭氏の王朝は鶏龍山に都を定めるとされている。鶏龍山（標高八四五メートル）は、古代三国時代から朝鮮半島の五嶽の一つに数えられた名山である。智異（チリ）山を起点とした山脈が北上して再び鶏龍山に南下する形勢は、まるで龍が頭をくねらせて原始の

［表二］『鄭鑑録』に記された王朝興亡の推移

順番	首都	創始者の姓、国号	期間
1	平壌	高句麗	一〇〇〇
2	松岳（開京、開城）	王氏・高麗	五〇〇
3	漢陽（漢城、ソウル）	李氏・朝鮮	記述なし（実際は五一八年）
4	鶏龍山	鄭氏	八〇〇
5	伽耶山	趙氏	一〇〇〇
6	全州	范氏	六〇〇
7	松岳（開城）	王氏（高麗の創始者と同姓）	記述なし

典拠：「鑑訣」（白承鍾『鄭鑑録』勉誠出版、二〇一一年、三三九～三四〇頁）による。

故郷へ回帰するようすに似ている。風水師たちはこの地勢を「山太極」の相と呼んだ。また、鶏龍山の渓谷から流れ出た水が北上して錦江（クムガン）と合流し、錦江が再び鶏龍山を回って西南の方に流れて行く。このような河川の流れを「水太極」の相と呼んだ。朝鮮の風水師たちは、こうして鶏龍山を宇宙の中心である「太極」が山川として具現化された土地であるとみなした。

新たに朝鮮王朝を建てた李成桂も当初、鶏龍山の中腹に新しい都を定めようとした（その場所は後に新都内（シンドアン）と称された）。しかし、鶏龍山は南方に偏りすぎているという理由から、朝鮮半島のちょうど真ん中に位置している漢陽が新たな都として選ばれた。こうして鶏龍山への遷都計画は一年も経たずに中途で挫折した。『鄭鑑録』では、朝鮮王朝の建国当初に試みられた鶏龍山への遷都計画が、逆に朝鮮王朝滅亡の予言として利用されているのである。

そして『鄭鑑録』では、朝鮮王朝が滅びる際に、天変地異が起こって社会が大混乱に陥ることが予言されている。これに関しては、「某年を過ぎて某年になると、悟った者は生きのび、悟らなかった者は死ぬ」として、ある時期を境にして人びとが生死を分けるような時代がやってくるとしている。また、そのときが始まるきっかけについて、「士者横冠（ししゃおうかん）にして、神人脱衣（しんじんだつい）であり、走辺（そうへん）横己（おうき）にして、聖諱加八（せいいかはち）である」と記されている。とても難解な文章であるが、「士者横冠」は「士という字に横棒をおいて冠をかぶせる」で「壬」、「神人脱衣」は「神という字の衣偏を脱がす（とる）」で「申」、「走辺横己」は「走を偏としてその横に己という字をつける」で「起」、「聖諱加八」は「聖人である孔子の諱（いみな）である丘（きゅう）に八を加える」で「兵」と解読できる。すなわち、この一文は「壬申起（じんしんき）

兵（へい）」、つまり壬申の年に兵乱が起きると解釈することができる。

そして、このときをきっかけとして、次のような天変地異が起こると予言されている。まず地上では、鶏龍山の石が白くなり、清浦（チョンポ）の竹が白くなり、草浦（チョポ）に海水が入ってきて舟が行き交う。すると天上では、黄色い霧と黒い雲が三日のあいだ空に満ち、彗星が軫（ちん）星（二十八宿の中の星。からす座付近の星）から出て、銀河の間に入り、紫微垣（しびえん）（天を三区分した真ん中の区域。北極を囲んだ一七〇余個の星からなる）を犯し、斗宿（二十八宿の一つ。射手座中の北西部分の六星をさす）の先に移って、斗星（北斗七星）に至り、南斗（南斗六星）で尽き果てる。すると、大中華（中国を指す）と小中華（朝鮮を指す）がともに滅びる。

さらに、朝鮮王朝の都である漢陽付近のようすについても次のように記されている。申年の春三月と聖なる年の秋八月に、仁川（インチョン）と富川（プチョン）の間に千隻の船が夜間に停泊し、安城（アンソン）と竹山（チュクサン）の間に死体が山積みとなり、驪州（ヨジュ）と広州（グァンジュ）の間には人影もなくなり、随城（スソン）と唐城（タンソン）の間には血が流れて川をなし、漢江（ハンガン）南の百里には犬や鶏の鳴き声がなくなり、人影が永く途絶える。

また、このときのことを末世（この世の終末）として、次のような災難がやってくるとしている。すなわち、九年間の大凶年によって人民は木の皮を食べて生きのびるようになり、四年間の染病で人びとの半分は死んでしまう。士大夫の家は補薬である高麗人参を買うために滅び、仕官した家は貪欲に利益を得ようとして亡びる。

このような悲惨な状況は、朝鮮時代に起こった壬辰倭乱や丙子胡乱、さらには自然災害による体験が反映されたものであると解釈されている。先に述べたように、一六世紀から一八世紀の朝鮮半島では地震が多発し、人命や家屋に甚大な被害をもたらす大地震が発生した。そのほか、天体の異変や干ばつ・大洪水などの自然災害も頻発していた。『鄭鑑録』では朝鮮王朝が終わりを告げる際に、天変地異や自然災害をともなう大艱難に直面し、このような阿鼻叫喚の状況がおとずれると予言している。

◈『鄭鑑録』に描かれたユートピア——十勝地説を中心に

悲惨な大艱難時代がおとずれて李氏朝鮮王朝が滅亡する。ただこれだけの予言であったら、それほど一般民衆の注目を集めることはなかったであろう。『鄭鑑録』には「絶望の未来」とともに、それを克服するための「希望の未来」が同時に示されている。それが朝鮮民衆の心を大きくつかんだ。そのような予言として、十勝地（じゅっしょうち）(地勢が勝れている十か所の地)があげられる。

十勝地とは、大艱難から逃れるための避難場所のことである。『鄭鑑録』ではその場所を具体的に示している。豊基（プンギ）の醴泉（イエチョン）、安東（アンドン）の華谷（ファゴク）、開寧（ケニョン）の龍宮（ヨングン）、伽耶（カヤ）、丹春（タンチュン）、公州定山（コンジュジョンサン）の深麻谷（シンマゴク）、鎮木（ジンモク）、奉化（ポンファ）、雲峰（ウンボン）の頭流山（トゥリュサン）、太白（テベク）の一〇か所である。これらの場所は、戦乱の災難にあうことがなく、凶作にもならず、人びとが談話を楽しんで、和気あいあいと過ごすことができる土地とされた。しかし、そのほかの土地では、さまざまな災いがおとずれるとしている。たとえば、金剛山の西側と五台山（オデ）の北側は、一二年のあいだ盗賊の巣窟となり、九年間の水害と一二年間の兵乱があり、誰もそれを避けることができないと警告されている。また、黄海道と平安道は三年のあいだ千里にわたって人家から煙が立ち上ることがなく、江原道の谷間は特別に避けるようにと記されている。

また『鄭鑑録』では、どのような人が十勝地に入れるかについても述べている。それによると、悟った者が十勝地に入ろうとするとき、愚かな者が必ずこれを引きとめようとする。そのために十勝地に入って行けるのは、富んだ者ではなく、貧しい者であるとしている。その理由は、富める者はお金と財産が多いために薪を負って火の中にいるようなものであが、貧しい者は財産がなくて賤しいが、身軽でどこへでも行くことができるからとしている。

そして『鄭鑑録』では、災難にあったときの対処方法として「両弓（弓弓）」という秘訣（秘密の口伝）について説明している。これに関しては、「人の世から身を避けるには、山や川も役には立たず、両弓（弓弓）が最もよい。（中略）十勝地は人の世から身を避けるのに最も適した場所である」と記されている。この「両弓（弓弓）」については二つの解釈がある。ひとつは、これをハングルで読むと「ファルファル（활활）」という擬態語となる。これを訳すと「ひらひら、ゆらゆら」となり、融通無礙（自由自在）という意味に解釈できる。また、『慶州李先生蔵訣』という讖緯書をみると「弓弓乙乙」という一文があり、これを破字と解釈して一字にすると「弱」となる。これによると、両弓（弓弓）は「弱さ」を意味すると解釈できる。いずれにせよ、一般社会から隠遁して弱者として自由に生きるという意味になるであろう。党争による犠牲者が続出した当時の朝鮮社会において、ど

の党派にもつながらずに中立を守ること、さらには貧しい弱者として社会の前面から身を隠すこと、これが最も適切な保身術であると考えられたわけである。

ところで、十勝地はすべて朝鮮半島の南部に集中しており、北部の土地はひとつもない。壬辰倭乱と丙子胡乱という二つの大きな戦乱を経験して、民衆の間では、戦争による災難が発生した場合、どこに逃げれば安全かという避難情報が広く共有されていた。十勝地の思想は、民衆の間に広がったこのような災難対策にもとづくものであった。また、その場所が朝鮮半島の南部に集中していることは、それが北方からの侵略戦争（北侵）を避けるための土地であったことを示している。歴史的にみると、日本からの侵略に比べて中国大陸からの侵略の方が、回数の点からみると圧倒的に多かった。稀に起こる南方（日本）からの侵略よりも、常時起こる北方（中国）からの侵略に備えることの方がより重要視されたのであろう。

また、十勝地に関する予言は、鶏龍山に新しい国を建てるとされる鄭氏への期待を大いに高めることとなった。民衆はしばしば、彼のことをカリスマ的な能力をもつ人物として真人（しんじん）と称した。朝鮮王朝実録には、この真人が南海の島より渡ってくるという噂が民衆の間で広まっていたことが記されている。どこか見知らぬ遠い所から救世主のような超人が現れて、腐敗に満ちた社会を一掃してくれる。このような予言は、民衆的な救済思想の一種とみなすことができるであろう。

ところで、新しい王朝を樹立する人物の姓がなぜ鄭氏なのか。これに関しては、宣祖二二年（一五八九）に起こった鄭汝立（チョンヨリプ）の乱がその背景にあったという説がある。この反乱は、いわゆる朋党政治（両班が党派に分かれて政治を行うこと）の幕開けを告げる事件として有名である。当時の記録によると、鄭汝立は「木子亡、奠邑興」という讖言（予言の詩）を流布して謀叛を企てたとされる。ここでいう「木子」は「李」、「奠邑」は「鄭」の破字であり、「李氏が亡んで鄭氏が興る」という意味である。この讖言が『鄭鑑録』の核心部分に通じることは明らかである。当時は朝廷の主導権をめぐって、両班たちが東人と西人に分かれ、激しい権力闘争を繰り広げていた。東人に属していた鄭汝立自身は、この反乱で自害するが、すぐその後で西人側の陰謀により、千人にのぼる東人が誅殺された。何らかの形でこの事件にかかわった人士によって、『鄭鑑録』のもとになる讖緯書が作成されたと考えられる。

『鄭鑑録』には朝鮮王朝に深い恨みを抱いた人びとの怨念にも似た感情が込められている。このような情念が、被支配者階層として抑圧されていた民衆の心をつかんだ。一九世紀に入ると、限られた両班による門閥政治によって朝廷は腐敗し、民衆の疲弊は極度に達し、大規模な民衆反乱が頻発した。それらの反乱では『鄭鑑録』が利用され、その主導者が真人を自称する場合が多かった。その典型的な例として、一八一一年に起こった洪景来の乱をあげることができる。この乱を主導した洪景来は、『鄭鑑録』の予言を用いて自ら真人であると称し、民衆を動員していった。この事例にみられるように、『鄭鑑録』は新王朝の到来を渇望していた民衆の心を魅了し、一八世紀から一九世紀にかけて大規模な反乱を発生させる触媒となっていった。そして、これらの民衆反乱がきっかけとなって朝鮮王朝は内部から崩壊していった。予言が実際に成就したのである。

◈おわりに――『鄭鑑録』が後世にもたらした影響

朝鮮時代に生きた民衆は、外国からの侵略、朝廷の政治腐敗、そして天変地異の発生というさまざまな災難に直面しながらも、それらをむしろ現王朝が崩壊して新しい王朝が登場する予兆とみなした。とりわけ『鄭鑑録』においては、災難から逃れられる安全な避難場所が示され、カリスマ的な人物（真人）が登場して社会が一大変革されると予言している。このような思想は他の文化圏にもみられるものである。たとえばキリスト教の終末論である千年王国説（ミレニアリズム）では、この世の終末に大艱難の時代が起こり、そこに救世主（再臨のイエス）が現れて、至福に満ちた千年王国が建てられた後、最後に霊的な新しい世界がおとずれるとされる（『新約聖書』「ヨハネの黙示録」などにもとづく）。『鄭鑑録』に記された予言にも、このような終末論的な要素が含まれているが、それは朝鮮民衆による独自の救済思想として生み出されたものであった。

実際に『鄭鑑録』は、朝鮮時代末期から日本の植民地時代にかけて登場した朝鮮発祥の新宗教に大きな影響を与えた。一八六〇年に崔済愚（チェジェウ）によって創始された東学（一九〇五年に天道教と改称して現在に至る）にも『鄭鑑録』の影響がみられる。たとえば、崔済愚自らが詠んだとされる「夢中老少問答歌（夢の中で老人と少年が問答をする歌）」（『龍潭遺詞（りゅうたんいじ）』に収録）には、「怪異なる東国の讖書では（中略）この世において利は弓弓にあるという。売官売爵をする権勢家も弓弓に心をひとつにし、銭や穀物を蓄えた富貴なる者も弓弓に心をひとつにし、流浪する乞食や敗残者も弓弓に心をひとつにする。風前の灯火のようにやっとのことで生きている者も、弓弓村を訪ねて行く」というように、『鄭鑑録』の内容が踏襲されている。また、東学の最も重要な経典である『東経大全』でも、「私に霊符が与えられた。その名は仙薬であり、その形は太極であり、また弓弓である。私はこの符を受けて人びとの病気を癒すのである」（「布徳文」）とある。このように崔済愚が夢の中で受けとった呪符が、まさに『鄭鑑録』の中に出てくる「弓弓」の形をしていたことが記されている。

東学の後にも、姜甑山というカリスマ的な人物によって民衆救済型の新宗教がつくられた。この新宗教は多数の教団に分派していったが、そのひとつである普天教は日本植民地時代において、朝鮮発祥の新宗教教団のなかで最大の信徒数を誇った。その教祖である車京石は、『鄭鑑録』に対する信仰が広く蔓延していた全羅道地方の民衆の心を掌握するために、自らを真人と称した。

これらの新宗教教団に属する信徒の中には、実際に鶏龍山麓の新都内とよばれる地域に移住して共同生活を行う者が現れた。一九四五年に解放を迎えた後も、南北分断と朝鮮戦争（一九五〇～五三）という混乱の中で、戦乱を免れることができる平和な理想郷として、多くの宗教家が鶏龍山に集まってきた。こうして鶏龍山の新都内には、東学・甑山教系の教団、さらにはキリスト教や仏教などの終末論を信奉する信徒らが移住して、一種の宗教村が形成された。一九七〇年代までに鶏龍山新都内で活動した宗教団体の数は一〇〇を超えたとされる。

しかし、一九七〇年代に入ると、朴正煕大統領によってセマウル運動という農村近代化運動が推進された。この運動で掲げられた「迷信打破」というスローガンのもとに、一九七五年鶏龍山が国立公園化され、鶏龍山麓につくられた宗教施設もいっせいに撤去された。さらに全斗煥政権になると、この地に軍事基地を移転する計画が進められ、一九八九年に陸軍と空軍の本部、そして一九九三年に海軍の本部が移設された。こうして新王朝の都になると予言された場所には、いま現在、総九〇〇万坪にもおよぶ土地に韓国の陸海空三軍の統合基地（鶏龍台）が置かれている。

さらにその後、思わぬ形で『鄭鑑録』が話題となるできごとが起こった。それは、二〇〇〇年代はじめに韓国でもちあがった首都移転構想であった。二〇〇二年一二月の大統領選挙において盧武鉉候補は、首都機能の一極集中を避けることを目的に、首都を現在のソウル市から忠清道圏内に移転することを選挙公約のひとつに掲げた。大統領選挙に勝利した盧武鉉大統領は、この政策を実行に移し、二〇〇三年一二月に新行政首都法が国会で可決された。しかし、その後、憲法裁判所によって「慣習上、大韓民国の首都は六百余年間続いてきたソウルである」という違憲判決が下された。そのために、行政機能を分担する複合都市を建設する方向に軌道修正された。こうして中央行政機関の一部、および教育・文化・先端産業などの機能を合わせもつ複合都市として、二〇一二年七月に特別自治市・世宗市が設置された。この世宗市が置かれた場所（忠清南道の燕岐郡と公州市にまたがる一帯）は、鶏龍山のすぐ北側に位置している。そのために世宗市の設置は、『鄭鑑録』の鶏龍山遷都論を実現するものとして大きな話題となった。

盧武鉉大統領が首都移転構想を提唱した理由は、首都圏の過密解消と国土の均衡発展のためであった。その背景には、テロや自然災害などの非常事態に備える目的もあった。実際、一九七八年に朴正熙大統領によって、同じ忠清道圏内への首都移転計画が立てられたことがあったが、そのときは北朝鮮からの攻撃に備えることが主たる目的であった。このような経緯をみると、『鄭鑑録』で示された予言と世宗市の設置との間には一脈通じる要素があったといえよう。

朝鮮時代の終焉とともに、天変地異に対する儒教的な天譴論の考え方はまったく廃れて意味をもたなくなった。それに対して、民衆の間で唱えられてきた終末論的なユートピア思想は、現代韓国において、さまざまなリスクを回避するための首都移転構想としてねばり強く生き続けているのである。

【参考文献】

白承鍾／松本真輔訳『鄭鑑録　朝鮮王朝を揺るがす予言の書』勉誠出版、二〇一一年

沸騰する南海北山——スルタンの出番か

深見　純生

◈はじめに

この章では二〇〇六年の地震と噴火をとおしてジャワの歴史的、社会的、文化的な特徴を浮かび上がらせてみたい。最初にジャワの水稲耕作にもとづく豊かさが火山のおかげであること、これにともなって地震と噴火が宿命であることを述べる。つぎに二〇〇六年の震災をとおしてジャワの社会的、歴史的な特徴を明らかにし、あわせてムラピ火山が噴火し危険な状態のときにこの地震が起こったことをみる。噴火と地震が同時に起こるのは稀なことであり、さらにその後も災害が続いた。つづいてジャワの歴史、とくに王の神格化のためにさまざまな工夫を施してきたこと、そして精霊の女王を祀る儀礼の重要性を取りあげる。そして最後に、天変地異の連続に際して、人びとが王宮に神旗を巡回させる除災の秘儀を求めたこと、王宮は超自然力の存在を認めつつも合理的判断を尊重しなければならないというジレンマに陥ったことをみる。

◈稲穂ゆたかに実る国ジャワ

日本の南南西、赤道の少し南に位置するジャワは、インドネシアさらには東南アジアにおいて歴史的にまた現在も、さまざまな意味で中心的位置にある。その基盤は水田の稲作にもとづく社会の発達と人口の多さであるが、それは熱帯雨林に覆われたまわりの島々と異なる、ジャワの恵まれた自然環境のおかげである。森と火山という二つのキーワードによってこれを説明してみよう。

スマトラやボルネオなど赤道直下の島々は、一年をとおして雨が降る熱帯雨林気候のもとで、熱帯雨林に覆われている。そこでは常緑樹の大木がてっぺんにのみ枝葉を繁らせる。その部分を樹冠（じゅかん）といい、樹冠が集まって林冠（りんかん）となって森全体を覆っている。分厚い林冠にさえぎられて地面にほとんど日がささないので草が生えにくい。そのため食料が乏しい。さらに湿度と温度が高くて薄暗いので、病原菌が繁殖しやすい。熱帯雨林という豊かすぎる森は、「緑の魔境」とか「熱病・風土病の地」といわれ、人が住むのにまったく適していない。人の居住に適した場所は森が切れたところ、つまり海岸か川筋、そして森の密度が下がる内陸高地に限られる。

これに対してジャワの森は、乾季の数か月間ほとんど雨の降らない熱帯モンスーン気候のもとで、落葉樹がまじった熱帯モンスーン林なので、人は森を開いて住むことができる。森は薬や食べ物、生活資材などさまざまな恵みをもたらす。くわえてジャワには三千メートル級の火山が多い。その火山灰土壌は日本と違ってたいへん肥沃で、文字どおり肥料の山といってよい。さらに中腹から裾野の各所に湧き水があり、一年中枯れることがない。その水は、雨季に水が不足したときの補助的水源となって稲作の安定に貢献し、また乾季の二次作物の栽培を可能にする。火山の傾斜地は水田や水路の造成が容易であり、そこはまた日がさし風が通るので衛生条件も良い。

東南アジアでこのような熱帯モンスーン林の地域と火山の恵みが重なるのは、ジャワ（正確にはジャワ島の中部と東部）とその東隣りのバリに限られる。こういうわけでジャワは、広大な熱帯雨林多島海のそばにあって、際立って実り豊かな島である。そして、日本がそうであるように、火山列島において噴火と地震（および津波）は宿命である。

◈火山列島の宿命――噴火と地震（および津波）

東南アジアの諸島部のうち、太平洋に面する北東部の島々は環太平洋造山帯に属し、もう一方のスマトラ、ジャワなどの南西部はインド洋に面し、ヒマラヤ造山帯に属する。この二つの巨大な火山帯の海側には、一万メートルに達しようかという深い海溝がある。環太平洋造山帯の一部である日本列島の東側に日本海溝があるのと同じであり、ともに世界有数の大地震の震源となる。二〇一一年の東日本大震災（マグニチュード九・〇）や二〇〇四年のスマトラ沖大地震・インド洋大津波（同九・二）はこうした海溝型地震によるものである。後者はインド洋のスンダ海溝（ジャワ海溝ともいう）で発生したものである。他方、一九九五年の兵庫県南部地震とここで取りあげる二〇〇六年の中部ジャワ南部地震は、これらより小規模な内陸型（直下型）地震である。

穏やかな気候と植生に恵まれたジャワにおいて最も神意を感じさせる天変地異は、天文の異常と疫病を別にすれば、地理つまり山と海に由来する。すなわち火山の噴火と地震（および津波）である。この章の舞台、中部ジャワの南部に位置するジョクジャカルタ地方についていえば、北のムラピ山の噴火と南の海底を震源とする地震である。このことは、一六世紀後半にこの地に誕生したマタラム王国の史伝『ババッド・タナ・ジャウィ（ジャワ国縁起）』が、建国後ちょうど百年目の、内乱による都の陥落を前にしたようすを次のように描いていることにも表れている。

その時すでに王様は欲望に身を任せ、常軌を逸していて、暴力をくり返し、見せしめの刑罰がしばしば執行された。大臣たち、高官たち、王族たちは互いに地位を奪いあい、王国の秩序はすっかり乱れてしまい、マタラム中の人びとがみな動揺した。月食と日食が頻発し、時季ならざる雨が降り、夜毎にまがまがしい彗星が現れ、灰の雨が降り、地震があった。数多く表れた凶兆はすべて王国の没落を予言していた。

すなわち人間の行いと天体の異常を別にすれば、季節外れの雨、灰の雨つまり火山の噴火、そして地震が亡国の凶兆である。

二〇〇六年五月のジョクジャカルタでは、北山が燃え上がり南海が沸騰したかのように、二つの天変地異が同時に起こった。さらにジャワでは一一月から三月が雨季なので、五月下旬は乾季に入っていて降雨はないはずだが、地震のため戸外のシートに避難する人びとに季節外れの雨が降り注いでいた。このとき人びとはどのように対応したであろうか。

◈二〇〇六年の中部ジャワ南部地震――阪神淡路大震災(一九九五年)との比較から

本題に入る前に、阪神淡路大震災との比較をとおして、二〇〇六年の地震の被害が地震の規模の割に大きかったことと、そこからみえてくるジャワのいくつかの特徴をみておきたい。

次の表は二つの震災の規模などを対照させたものである。死者の数や被災家屋の数など、被害の規模はよく似ている。どちらも直下型の地震であることが大きな被害につながった。しかし兵庫県南部地震が都市部を直撃したのに対し、中部ジャワ南部地震で被害を受けたのは主に村落部である。震源はジョクジャカルタ市の南東二五キロ程の海の近くと推定され、そこから北北東方向に活断層(オパック断層)が動いた。

大きな被害が出たのはジョクジャカルタ特別州のバントゥル県と、その北東に位置する中部ジャワ州クラテン県である。中心都市のジョクジャカルタ市ではさほど大きな被害は報告されていない。なおジョクジャカルタ市の人口は五〇万足らず(二〇一〇年国勢調査)だが、市街地は行政上の市域の外に広がっており、これをふくめた大ジョクジャカルタ市は百万に近い人口を有している。

地震の規模は阪神淡路のマグニチュード七・二に対して同五・九とかなり小さい。マグニチュード〇・二は地震エネルギーの二倍の違いを意味するので、七・二と五・九では少なくとも六四倍以上の違いがある。

［表］二つの震災の比較

	阪神淡路大震災	中部ジャワ南部大震災
発生日	一九九五年一月一七日早朝	二〇〇六年五月二七日早朝
マグニチュード	七・二	五・九
震源	淡路島北部	ジョクジャカルタ市南東二五キロ
震度	七	震度情報なし
活断層	淡路島北部から宝塚にかけて	震源から北北東へ三〇〜四〇キロ
主要被災地の性質	都市部	村落部
死者数	六四〇〇人超	五七〇〇人超
家屋の被害	全半壊二五万棟（＋一部損壊二六万棟）	全半壊三〇万戸超
被害の特徴	火災による被害も大きい	火災による被害は報告なし

◈被害を大きくした要因

地震エネルギーがはるかに小さいにもかかわらず、また村落部が襲われたにもかかわらず、ほぼ同じ規模の被害が出ている。このように被害が大きかったのは、長期的、中期的、短期的ないくつかの要因が作用した結果と考えられる。

最も長期的な要因として、被災地域の地質学的な特徴がある。被害の大きかったバントゥル県とクラテン県は、ムラピ山麓にあって火山灰土壌に覆われた地域である。震度に関する情報がないので正確な揺れの大きさは不明だが、軟弱な土壌なのでマグニチュードの割に揺れが大きかった可能性がある。他方、バントゥル県の南東側、石灰岩丘陵地帯のグヌンキドゥル県では、震源に近いにもかかわらず大きな被害は出ていない。

多くの犠牲者を出したことには、そもそも人口密度の高いジャワ農村の中でもこの地域がとくに人口密度が高いという要因がある。すなわち村落部とはいうものの、一平方キロメートルあたりの人口密度は一〇〇〇人を超えている。これは日本の三倍以上である。日本の三分の一の面積のジャワ島に現在一億五〇〇〇万人以上が住んでいて、その七割が村落人口である。これほど人口密度の高い農村地帯は世界でもベトナム北部のホン川デルタとバングラデシュ、そしてジャワの三か所だけであり、このうち前二者は低平なデルタ地帯なのに対してジャワには山地や丘陵も多い。

ジャワでは一九世紀前半に人口の大幅な増加が始まり、一九世紀末にはすでに人口過剰が深刻な問題になっている。肥沃な火山灰土壌と水条件の良さを中心とするジャワの農業生態学的な豊かさは上で述べたとおりだが、オランダ植民地支配下でそのジャワの自然の豊かさがいわば過剰に開発されたのである。都市や工業が発達しないまま、余剰人口が村落部に滞留した。その時期の村落の共同体としての結びつきの強さも作用して、「貧困の共有」といわれる状況が生まれた。零細な農業と、同じく零細な農業以外の収入に依存する社会ができあがった。なお、この農業以外の収入にはさまざまな家内手工業だけでなく、短期・長期の域内・域外への出稼ぎもふくまれる。

犠牲者の多くは家屋の倒壊による。そして倒壊家屋のほとんどがレンガ積みの家屋で、木造の伝統的な家屋には被害が少なかったこと、またレンガ積みの建物でも、モスクなど鉄筋をしっかり入れたものには被害がなかったことが報告されている。レンガ造りの家屋の耐震性の低さが被害を大きくしたことにかかわって、次の三点が指摘されている。

第一に、もろいレンガ。そのレンガは水田の土を木枠（きわく）で固めて日干しにし、籾殻（もみがら）を燃料にして低温で焼き固めただけのものである。レンガの強度は低く、ちょっと硬いもので叩くと簡単に壊れてしまう代物である。第二に、木組みの家屋。壁は木製の枠組みにレンガを積んだものである。柱と梁（はり）が木製でなく鉄筋コンクリート製で、これがレンガと密着していると強いのだが、家屋の構造材は圧倒的に木組みであった。したがって、家屋の枠組みも頑丈なものではない。第三の要因として、レンガを接着するモルタルのセメントの量の少なさがある。モルタルは指で割ることができるほど接着力が小さい。そのため壊れやすいし、いったん倒壊するとバラバラになりやすい。こうしたレンガ壁が倒れてくると生存のための隙間ができにくい。

ジャワの村の家はもともと木(と竹)でできていた。柱や梁などの構造材は木製で、壁は板またはアンペラ(割竹を縦横に編んだもの)であり、屋根は瓦やヤシの葉などで葺いた。こうした旧来の家屋は震源近くであっても、家屋の骨組みにも屋根にも異常はないという。上記のようなレンガ造りよりも耐震性に優れているだけでなく、仮に倒壊しても生存空間ができやすいので被害は大きくならない。

ジャワ農村の一般家屋がレンガ造りに変化していったのは一九八〇年代からであった。スハルト大統領(一九六六〜一九九八年在職)の開発独裁体制による経済社会開発が一定の成果をあげ始めたのであった。木と竹の家は貧乏くさいというので、レンガ造りの家が増えていった。漆喰で白く塗ると見た目に美しく(もろさも隠され)、テレビで目にする都市中間層の住まいのようであり、ホワイトハウスとよばれるようになった。開発の成果にあずかったのだが、耐震性を高めるために十分な金をかける程の余裕はなかった。村のモスクもレンガ造りになっていったが、さすがに鉄筋をしっかり入れて頑丈にできていて被害がなかった例もあるから、人びとは大事な建物の構造にはそれなりに配慮していたことになる。

◈ツナミのトラウマ

最後にツナミのトラウマとデマである。津波という日本語を世界語にしたのは、二〇〇四年一二月二六日に発生したインド洋大津波であった。スマトラ北端部のアチェ地方では、巨大地震による被害もさることながら、巨大ツナミで文字どおり壊滅的打撃を受けた(第一部「地震は神の徴か?――イスラームの信仰と災害」参照)。その後のインドネシアではこのツナミのすさまじい破壊のようすがテレビで何度も放映され、人びとの心の中にトラウマとなって残った。トラウマの語もこのツナミがきっかけでインドネシア語に定着したといわれる。中部ジャワ南部地震の際に人びとの脳裏にあの一年半前の映像が浮かんだのは当然というべきかもしれない。少なくとも「ツナミが来る」というデマに人びとはあの映像を思い浮かべ、パニックになり、高い方へと走り出した。

このデマとパニックは筆者だけでなく、多くの部外者が当事者から聞いている。たまたまNHKの映像もまさにツナミから逃げようとする人びとのようすを伝えている。実際にはツナミはなかったのだが、このデマは意図的なものだという説まである。つまり、人びとがいなくなった所を狙って泥棒を働くためというのである。こうしたデマがいつどこで始まりどう拡散したのか、ことの性格上明らかにならないだろうが、壊れた家屋の下敷きになった人びとを放置して避難せざるをえなかったとすると、これが被害をさらに大きくしたことになる。避難の混乱のなかでバイクの転倒といった事故で亡くなった人もいたといわれる。なお筆者がNHKで見た映像はジョクジャカルタ市街地(正確には行政上の市域の東側)である。ジョクジャカルタ市は海岸から二五キロ以上あり、海抜も一〇〇メートル以上あって、冷静に考えればツナミが来るはずはないのだが、パニックがおさまるのに時間がかかったのである。

ここでいささか唐突だが、ツナミのトラウマの深さに関係するものとして、一五〇年ほど歴史をさかのぼっておきたい。アチェとジャワは一〇〇年あまり前までそれぞれ別個の歴史を歩んできたのだが、一九世紀後半に世界史が帝国主義の段階に入って列強が世界を分割支配するなかで、オランダが一八七三年アチェ王国征服の戦争を始めたことで事情が変わった。アチェの、とくにイスラム指導者たちを核とする頑強な抵抗の前に戦争は長びき、主要な抵抗が終わったのはようやく一九一二年であった。ジャワがいち早く一八世紀にオランダの属国になったのに対して、アチェは二〇世紀はじめにようやくオランダ支配に服した。そのころオランダ領東インドという植民地の領域が完成し、その三〇年ほど後の一九四五年にこの植民地はインドネシア共和国として独立を宣言した。

ジャワとアチェの両地域が同じ国に属してまだ一〇〇年ほどの長さしかないのである。歴史に「もしも」はいうべきでないかもしれないが、アチェが独立を維持していたなら、あるいは他の列強の支配下に入っていたなら、つまりジャワにとってアチェが外国だったなら、あのツナミが押し寄せ、家や車や人が流されていく恐ろしい光景を自国のこととしてテレビでくり返し見ることはなく、したがってツナミのトラウマはそれほど深くなかったかもしれない。

◈ムラピ山の噴火

人びとは高い方へ、つまりムラピ山に向かって逃げた。そのムラピ山は典型的な活火山であり、史上しばしば災害をもたらしたため、世界でも最もよく監視されている火山のひとつである。山頂から噴煙が、あるときは濃くまたときに薄くいつも上がっている。南に三〇キロほど離れたジョクジャカルタ市から望見すれば、雨季(一一月から三月)には右(東)へ、乾季には左へ流れるのが普通だが、噴出の勢いが強いと方向は定かでない。またときどき噴火が起こりマグマを吐き出す。観光客も運がよければ夜空に赤いマグマの輝きを見ることができる。

噴火の頻度は一～二年に一度とか二～三年に一度とかいわれるが、噴火活動の強弱に時間的な規則性があるわけではないので、こうした一般化や平均値はほとんど意味がない。大小の噴火がいつ起こっても不思議ではなく、噴火のない期間が四～五年にわたることはほとんどないのである。二〇〇六年噴火の後、二〇〇九年にムラピ中腹にムラピ火山博物館が開館した。そこの展示パネルの噴火活動の一覧を見ると、こうした不規則性がよくわかる。この一〇〇年間をみると、一九〇三年から二〇〇六年までの間に三一回の活性期がある。各期の長さは、噴火一回限りの場合(たとえば一九〇五年)から最長五年にわたるものまで(一九二〇～一九二四年)さまざまである。そしてこの長さは噴火の規模や被害の大きさと直接の関係はない。

二〇〇六年の噴火の経緯は次のようであった。二〇〇一年の噴火の後比較的長い小休止があり、二〇〇五年七月から活性期に入っていた。二〇〇六年三月半ばから小規模な噴火をくり返すなど活動が活発になり、大量のマグマの供給によって四月二八日には山頂（ガルダ・ピーク）に新しい溶岩ドームが形成され始めた。

五月に入ってさらに活発になったため、当局は五月一三日、南側の住民約四万人に避難命令を発した。はたして一四日から一五日にかけての夜、大きな火砕流が発生し、熱雲とともに八キロ駆け下って一部がカリアデム村に達した。逃げ後れた二人が避難壕に取り残され犠牲になった。マグマの噴出はその後も続き、溶岩ドームの急成長のため六月四日、南側の火口壁が崩壊し、六月八日には溶岩ドームは高さ一一六メートルまで成長した。その崩落により六月一四日、今回最大の火砕流がカリアデム村を飲み込んだ。火山活動はその後次第に鎮静化し、一年あまりにおよぶ活性期が終わった。

二〇〇六年の地震の震源近くにオパック川の河口があり、その源流部にカリアデム村が位置する。標高一〇〇〇メートルでここより上に村はない。現在は居住が禁止され、村人は他所に住むことを余儀なくされている。そこに避難壕が残っている。二〇〇一年の噴火の後に作られたもので、百人以上が入れそうな鉄筋コンクリート製の大きな箱である。カリアデムはムラピの美しい山容と深く険しい渓谷などの自然美、そして涼しい気候と緑豊かな山村の素朴な生活を目当てにやってくる観光客の多いところだった。避難壕は噴石から人びとを護ることはできただろうが、火砕流に埋まってしまった。ここは今では避難壕をふくめて噴火災害の観光地、そして建築資材となる土石の採取地となっている。

ちょうど溶岩ドームが成長し崩壊し続けていて避難命令が出ているときに地震が起こった。ジョクジャカルタの守護精霊の住み処（後述）とされる南海と北山がともに激しい動きを示したのであり、この天変地異、とくに地震の際に多くの人がパニックに陥った。このとき、イスラムの教えにいうキアマット、つまりこの世の終わり（あるいは最後の審判の日）の到来を思った住民も少なくなかったといわれる。あるいはまた前記の『ババッド・タナ・ジャウィ』などジャワ語の史伝になれ親しんでいる人なら、先にあげた王国滅亡の予兆を思い出したかもしれない。

二〇〇六年はジャワの災害の歴史で異常な年であった。噴火と地震が同じ場所で同時に起こるのはたいへん珍しいことである。さらに、東部ジャワのブランタス川下流部のシドアルジョにおいて、五月二九日、天然ガス開発のボーリングによって、地熱で熱せられた泥が大量に噴出するという前例のない事態が起きた。急いで堤防を築いて、また堤防を次つぎに嵩上げして被害の拡大を防いだが、この巨大な輪中（わじゅう）の中に数か村が埋没したままであり、一〇年以上がたった今も、熱泥（ねつでい）の噴出は弱くなりつつも続いている。

つづいて七月一七日にはジョクジャカルタの西一五〇キロのチラチャップの南二四〇キロの海底で地震が発生し（マグニチュード七・七）、その津波のために六六〇人が犠牲になった。この年はまた世界的にインフルエンザが流行し、インドネシアの死者数が世界最多になった。二〇〇七年二月一八日のジョクジャカルタではジャワには珍しい強烈な旋風が吹き荒れ、建物や樹木などに多くの被害が出た。三月七日ジョクジャカルタ空港で国営ガルーダ航空機が着陸に失敗して炎上し、多数の死傷者が出るという惨事が追い打ちをかけた。この日は快晴無風だったが、そのとき想定外の突風が吹き、南海の精霊ニャイ・ロロ・キドゥル(後述)の祟りだという噂が流れた。

こうして天変地異が相次いだときに、スルタンとその王宮に災いを除くための秘儀を期待する声が聞かれたのは、インドネシア共和国という現代の国民国家、民主主義国家にあって、スルタンを世襲の州知事とするジョクジャカルタ特別州らしいことであった。

◈ジャワの歴史

ここでジャワとジョクジャカルタの歴史をごく簡単にたどっておきたい。ジャワ島中部のムラピ山南麓に位置するジョクジャカルタ地域は古来マタラムとよばれていた。ここに東南アジアを代表する重要な国家が二つ生まれた。

八~一〇世紀の古マタラム国では、ともに世界遺産の石造寺院、ボロブドゥル(大乗仏教)とプランバナン(ヒンドゥー教)に代表されるように、インド文化の影響が明らかである。インド化とかインド文化の摂取とよばれる。しかし、どちらも同じ建築と浮彫りの構成がインドにないことを考えると、インドの単なる模倣ではなく当初から国風文化として始まったといってよい。ジャワの政治と文化の中心は一〇世紀に東部ジャワに移り、その経済的また文化的繁栄はマジャパヒト国(一二九三年~一六世紀初め)において頂点に達する。このインド文化の時代に、インドの古典文章語であるサンスクリット語の単語がたくさんジャワ語に取り入れられた。

一五世紀から一七世紀にかけて、イスラムが大乗仏教・ヒンドゥー教に代わってジャワの支配的な宗教になっていった。一六世紀後半に細々と成立した新マタラム国は、四代目の偉大な征服王スルタン・アグン(一六一三〜一六四六年在位)のもとで、西部ジャワのバンテン王国とオランダ東インド会社の拠点バタヴィア(現ジャカルタ)以外のジャワ全土を統一し、東南アジアを代表する富強を誇った。スルタンはイスラム世界における世俗君主のことだが、アグンはこの称号を一六四一年にメッカから付与されている。一六七〇年代の内乱のためマタラムの王都は破壊され、都はムラピ山東麓、パジャン地方のカルタスラに移った。都の西にムラピ山、東にラウ山という聖山がそびえている。

一八世紀前半に四回の内乱が打ち続き、その中で都は一七四六年、一〇キロ東方のスラカルタに移った。オランダは内戦の一方に加担して軍事援助と引き換えに利権と領土を獲得し、ジャワをしだいに植民地支配下においていった。内乱はオランダの援助を受けた側が勝利したが、つねに反オランダの戦いという側面をもつこととなった。ところが四回目の内乱では軍事的決着がつかず、一七五五年王国を二分することとなった。旧来のスラカルタ王国と新たにできたジョクジャカルタ王国である。

マタラムの地にもう一度、ジョクジャカルタ(平和の町)という新しい名前のもとに王都が生まれたのである。スラカルタの王は旧来のススフナンというジャワの称号をおびて、パクブウォノという即位名を名のり、ジョクジャカルタではスルタン・アグンにちなむスルタンを称号とし、ハムンクブウォノを即位名とした。なおスラカルタ王の即位名パクブウォノは「世界の中心軸」、ジョクジャカルタのハムンクブウォノは「世界の擁護者」の意味であり、こうした宇宙論的な命名は古代の伝統を引いている。ブウォノ(世界)はサンスクリット語からの借用語であるが、これを外来語と意識するジャワ人はいない。

七〇年ほどの平和な時代を経て、ジョクジャカルタのディポヌゴロ王子率いる最後の反オランダ反乱(ジャワ戦争、一八二五〜一八三〇年)が起こった。これが鎮圧されると、両王国は内政に一定の自治権をもつ自治領(保護国)の地位を維持したものの、領土は大幅に削減され、その面積は両王国合わせてジャワ島の一割にすぎなくなった。

第二次世界大戦中の一九四二年、日本軍がオランダ領東インドを占領した。一九四五年八月、日本が降伏すると、その三日後の一七日、インドネシア共和国が独立を宣言した。オランダはこの独立を認めず、独立戦争(一九四五〜一九四九年)が始まった。ハムンクブウォノ九世(一九三九〜一九八八年在位)は、ジョクジャカルタ王国はインドネシア共和国の特別地区であると宣言し、共和国支持を鮮明にした。共和国政府は首都ジャカルタにおいてオランダの軍事的圧力に耐えかね、早くも一九四六年一月ジョクジャカルタに移転した。ジョクジャカルタ王国は生まれたばかりの共和国を受けいれ、苦難の独立戦争を乗り切ったのであった。この功績によりジョクジャカルタはスルタンを世襲の知事とする特別州の地位が認められている。現在の当主はスルタン・ハムンクブウォノ一〇世(一九八九年即位)である。

◈王の神格化

二〇〇六～二〇〇七年の打ち続く災害を前にして、スルタンと王宮に災いを除くための儀礼を求める声が上がった背後には、王を神格化するための古代以来のさまざまな工夫がある。今その歴史をすこしみておきたい。

古マタラム国以来、王と王宮は自らを世界の中心と位置づけてきた。数字のシンボリズムで五が好んで用いられ、東西南北の四方位が全世界を表し、その中心に王を位置づける。この中心と四囲の観念は、ジャワ土着のものであると同時にインドの世界観にもみられるものであり、現在の王宮の儀礼にも受け継がれている。さらにボロブドゥル寺院を建立したシャイレーンドラ王家の宮廷は、インドの宇宙論を借りて、自らを宇宙の中心に位置する須弥山の上にある三十三天（忉利天）という神がみの住処にたとえた。王は地方領主たちに神がみの地位を与え、自身を神がみの王であるインドラ神（帝釈天）になぞらえたのである。

東部ジャワ時代後半のシンガサリ朝（一二二二～一二九二年）およびこれと系譜的に連続するマジャパヒト朝の始祖は、文献においてブラフマー神の子とされたり、シヴァ神の子とされたりする。この時代の寺院には王の墓廟も多く、神や仏として祀られるその本尊は亡き王の肖像彫刻である。一例をあげると、マジャパヒトの長き繁栄の始まりとなったトリブワナー女王（一三二九～一三五〇年在位）は、王都マジャパヒトの郊外のリンビ寺院にパールヴァティー女神（シヴァ神の妃）として祀られた。このように、王は神がみの子孫とみなされ、死後は神として祀られた。

先にあげた『ババッド・タナ・ジャウィ』は、イスラム化した新マタラム王家の系譜を語るものであり、始祖はナビ・アダムである。ナビはアラビア語で預言者の意味であり、アダムは人類の始祖である。系譜は預言者たちと神がみを経てシヴァ神に至ると、その子のヴィシュヌ神が地上に降ろされて精霊世界の王になり、もう一人の子のブラフマー神がジャワの王になった。マタラムの王は、ナビ・アダムの末裔であり、シヴァ神やブラフマー神の子孫であり、精霊と同族であり、近くはマジャパヒト朝に連なるとされる。

マタラム王家最初の三代の墓はジョクジャカルタ市南郊のコタグデにあり、スルタン・アグン以後の諸王の墓はすべてジョクジャカルタ市の南二〇キロのイモギリにある。イスラム聖人の聖墓崇拝に似て、これら王墓にもその霊力に与ろうとする参詣人が後を絶たない。マタラムの諸王は死後に神として崇められているといえよう。

◈南海の女王とラブハン儀礼

ジャワ島の南岸の人びとが崇拝するニャイ・ロロ・キドゥルという美貌の精霊がいる。ニャイは女性の敬称、ロロは娘、キドゥルは南の意味で、「南海の女王（または女神）」というほどの意味になる。地域や場面によってさまざまな名前と言い伝え、タブー、儀礼、祭事があるが、人びとは折おりにお供えをして加護を願い、災厄を除く祈りを捧げる。

この民間信仰が新マタラム国の宮廷文学に取り込まれ、南海の女王はジャワのすべての精霊の支配者として、王と王国の守護精霊になった。とくに建国者となるセノパティは海底にある女王の宮殿で三日三晩の蜜月を過ごし、この間にジャワの王になるとの予言を得、王のとるべき態度を教えられ、そして危急の際に精霊の援軍を得る約束を与えられた。女王はまた永遠の存在であり、マタラムのすべての王と結婚するとされる。

南海の女王に供物を捧げる儀礼をラブハンという。王宮でも王の即位記念日などの毎年の節

南岸のラブハン聖地（筆者撮影、二〇一〇年八月）

ムラピ山のラブハン聖地（筆者撮影、二〇一三年三月）

目や王子王女の結婚などの大事の際に欠かすことのない重要な儀礼である。この機会における王と女王の霊的な交信は、王国の安寧の維持に不可欠とされる。王宮のラブハンは実際には南岸の砂丘だけでなく、ムラピ山とラウ山のそれぞれの中腹でも行われる。おのおの囲われたラブハンのための聖地があり（写真）、そこは同時に精霊の王宮の前の広場、つまり王宮への入口とみなされている。

南岸のラブハンで礼拝の対象はもちろん南海の女王である。ムラピ山のラブハンは、土着のさまざまな精霊と、これらを支配するために派遣された、セノパティと女王にゆかりのある精霊のために行われる。ラウ山で祀られるのは、マジャパヒト最後の王ブラウィジャヤとその王子およびこの二人に従う土着の精霊たちである。ラブハンの意味は水（海や川）に供物を沈めることなので、山のラブハンは一見奇妙だが、一説にかつてマジャパヒト時代に聖山ブロモ山の噴火口に供物を沈めていた伝統を引いているという。さらに、真偽は定かでないが、かつては人身御供（ひとみごくう）を火口に捧げたともいう。

ここで少し横道に入って、二〇〇六年に国民的人気を博したムラピの山守（やまもり）に触れておきたい。ムラピ山のラブハンの現地における執行責任者として、スルタンの家臣（王宮の廷臣）が任命されている。二〇〇六年当時は、先述のカリアデム村のオパック川をへだてた西隣、キノルジョ村のマリジャン翁（一九二七～二〇一〇年）であった。ラブハン聖地は標高一一〇〇メートルの村から一時間半ほど山道を上がった標高一五〇〇メートルあたりに位置する（写真）。

王宮の廷臣とはいっても、以前はともかく、現在では報酬はごくわずかで、貴族の称号と貴族としての正式な名前が与えられる名誉職に近い。翁は「ジュナン（栄華）よりジュネン（名前）を重んじる」が人生の指針であるという。同時に、彼はムラピ山の観光や登山などをふくめたキノルジョの村おこしに務めていて、ラブハンの執行役であることはその一助になった。ラブハンの一連の儀礼のうち王宮内で行われるものは別にして、現地の儀礼にはジャワの伝統衣装を着用すれば、一般人も、外国人でも参列することができ、そのようすは観光パンフレットにも紹介されている。

二〇〇六年五月、避難命令が出たとき、マリジャンは人びとに下山をうながしながら、自らは下山を拒否した。ムラピの山守として、ムラピ山を護るためであり、ジョクジャカルタ王宮とキノルジョ村が災害から安寧であるよう、アラーとムラピの諸霊に祈りを捧げるためであった。これは彼が一九八三年ハムンクブウォノ九世により山守に任命されたときの任務だという。特別州知事のハムンクブウォノ一〇世自ら説得に当たったが、彼は職務への忠誠を盾に下山しなかった。この一徹さはテレビとインターネットを通じて全国に知られ、勇気ある頑固なムラピの山守として全国的に人気を博することになった。さらに、彼の死後に語られるところでは、このとき彼は地震を予見したかのように、「お山は危険ではない。危険は下界にある」といったという。

◈神旗巡回を

このようにジャワの王は、自らを世界の中心に位置づけたり、インドの宗教やイスラムを取り込んで、神がみの子孫であり死後は神として祀られたりというように神格化の長い歴史をもっている。のみならず、ジャワのさまざまな精霊との良好な関係を結ぶことで、支配の正統性の維持に努めなければならない存在でもある。こうした背景のもと、二〇〇六〜二〇〇七年の打ち続く災害を前にして、スルタンと王宮に災厄を払う神旗の巡回を求める声が上がったのであった。

この神旗は王家に伝わる家宝のひとつで、名をカンジェン・キアイ・トゥングル・ウルンという。具体的には旗カンジェン・キアイ・ドゥドが槍カンジェン・キアイ・スラメットに結ばれると神旗カンジェン・キアイ・トゥングル・ウルンとなる（写真）。王家の家宝にはカンジェン・キアイを冠するものが多い。カンジェンはふつう国王や王族の尊称であり、キアイは広く精神性に優れた人に対する尊称であるが、この神旗のように、霊力のある物、高貴な遺宝にも用いられて神聖視されていることを示している。神旗の槍はマジャパヒト王国由来のものとされ、旗はメッカにあるカアバ神殿の黒い掛け布を切り取ったもので、その中央の金色の部分にイスラムの信仰告白（アラーの他に神なし、ムハマッドは神の使徒なり）などが書いてある。ここにもジャワ（マジャパヒト）とイスラムという、ジョクジャカルタ王権の二つの正統性原理が示されている。

トゥングル・ウルンという名前については次のような言い伝えがある。マジャパヒト王国最後のブラウィジャヤ王に仕えた武将であったが、王国の衰退が著しくなるとひそかに都から逃亡して西に向かった。ベジ村に至って庵（いおり）を結んで修行に励んでいた。あるときプロゴ川のほとりの樹下で瞑想中にモクサ（消滅。語源はサンスクリット語モークシャ＝解脱）したという。プロゴ川はボロブドゥル遺跡の近くを流れる川で、ベジ村はジョクジャカルタ特別州スレマン県に実在し、彼がモクサした場所では今でも人びとが瞑想にふけり儀礼を行う。この伝承は神旗の名前の由来を説明するとはいうものの、この人物と神旗の関係は不明である。仮に彼が歴史的実在だとしても、イ

神旗トゥングル・ウルン（*Keris*, April 2007: 12.）

スラム化以前の人物であろうから、マジャパヒトとの結びつきを表現することにこの伝承の意味があるのかもしれない。

　神旗の名前の由来が何であるにせよ、災厄を除くために少なくとも五回この旗の市内巡回が行われたという。最初は一八九一年コレラが大流行したときに、スルタン・ハムンクブウォノ七世（一八七七～一九二一年在位）のもとで行われた。二回目は一九一八年一二月にインフルエンザ（いわゆるスペイン風邪）の流行に際して、同じく七世のもとで行われた。なお、ジャワでは二〇〇万人がこの疫病の犠牲になったといわれる。ついで一九三二年一月二二日、コレラの流行に対して、ハムンクブウォノ八世（一九二一～一九三九年在位）の命令により行われた。そして一九四七年初め、ペスト対策として日没後にこの神旗が市内を巡回すると、翌日からペストが消え始めた。ハムンクブウォノ九世の時代であり、独立戦争を戦っている最中であった。

　最後（五回目）はハムンクブウォノ一〇世のもと、一九九八年五月一九日の夜、秘かに車で市内を巡回し、広く市民に知られることはなかったという。これは三〇年以上に及ぶスハルト開発独裁体制のまさに崩壊前夜であり、前年から全国で起こっていた抗議行動と暴動や騒乱が翌二〇日にかけて首都ジャカルタはじめ各地で最高潮に達し、スハルトが辞任に追い込まれたときである。中部ジャワでは、とりわけもう一つの旧王都スラカルタが激しい騒乱と放火略奪に見舞われたが、これと対照的にジョクジャカルタでは、スルタンが抗議デモの先頭に立ち、秩序ある行動を訴えたこともあって、おおむね平穏であった。

一九四七年の事例では、スルタン・ハムンクブウォノ九世は神旗巡回を許可しただけでなく、一晩中瞑想を続けた。王宮内では七日七晩にわたってさまざまな儀礼が行われ、供物が捧げられた。ペストは南海の女王ニャイ・ロロ・キドゥルの怒りにより発生したと噂され、さらに、神旗巡回を非科学的と笑った対策本部長の医師が四〇日後、つまりペスト終息後に死亡したのはニャイ・ロロ・キドゥルの逆鱗に触れたからだと噂された。

◈ためらう王宮

二〇〇六〜二〇〇七年にも神旗巡回を求める声が上がった。一九九八年の神旗巡回を直接知る人はほとんどいないようだが、一九四七年の事例を覚えている人と、その語りを聞いた人は多かった。ジョクジャカルタの少なからざる人びとが、王宮は文化と儀礼の中心としての役割を果たしてほしいといい、さらに現スルタンはあまり儀礼に熱意がないらしいという非難めいた声まで聞こえてきた。しかし、このとき、王宮は神旗巡回に動かなかった。王宮の実務責任者は二〇〇七年三月の航空機事故の後に、ある文化雑誌のインタビューにおいて次のような考えを述べている。

人びとはすでに近代的になり、教育があり、実際的であるので、人びとも伝統とは異なる意見をもっている。

近代化したとはいっても、超自然力の存在を否定するわけではない。

スルタンが儀礼に熱意がないということはまったくない。スルタンからしばしば儀礼の執行を命じられている。王宮は家宝のガムランをスルタン・モスクの前廊に出して一日中演奏させている。

またスルタンは人びとにスラマタンを行うよう呼びかけている。（ハムンクブウォノ九世の言葉として）災厄は去ったが、それは神旗トゥングル・ウルンのおかげか、それともスルタンの祈りが聞き届けられたからなのか。

神旗は本当にどうしようもなくなったとき、たとえば「朝に病めば夕べに死す、夕べに病めば朝に死す」という状況で手の施しようがないときに外に出すものである。今はまだ合理的に対処できるから必要ではない。

さらに、旗の担ぎ手を選ぶのは難しい。旗の巡回に携わった者は間もなく死ぬことになるからである。一九四七年のペストの際には死が予想された二人が神旗を担いだ。はたして二人ともその後まもなく亡くなった。二人の子どもたちはまだ幼かった。

ガムランは青銅製打楽器を主体とするジャワの伝統音楽であり、王宮の家宝のフルセットの演奏には三〇人以上を要する。王宮の北と南に大きな四角い広場があり、中央に聖樹のワリンギン樹（ガジュマル）が二本植えてある。王宮からムラピ山を仰ぎ見る北広場が正面で、これに面する西側に、大モスクあるいはスルタン・モスクと通称されるモスクがある。イスラムの大祭や王宮の重要な儀礼の際にここで連日ガムランが演奏される。

　スラマタンはジャワで広く行われる、近親者、近隣の人びと、あるいは関係者が集まって行う平安祈願であり、アラーに祈るだけでなく、祖霊や精霊への呼びかけが行われる。祈りの後に作法どおりに整えた食事を共にするのが普通で、この共食（きょうしょく）には諸霊も参加するといわれる。また、「朝に病めば夕べに死す、夕べに病めば朝に死す」は先述の『ババッド・タナ・ジャウィ』はじめジャワの史伝において疫病の被害が深刻なようすを描く際によく用いられる表現である。

　王宮の責任者はスルタンの弟であり、スルタンともども大学を卒業しており、もはや神旗に頼る時代ではない、スルタンと王宮の儀礼に頼る時代ではないという。その一方で「超自然力の存在を否定するわけではない」といい、最後に頼れるのは神旗かもしれないという思いを禁じえないでいる。社会の近代化、とくに教育の普及、合理的思考の広まりのなかで伝統的価値観が揺れ動いていること、そのなかで王宮がジレンマを感じていることがよくわかる。

　このジレンマはスルタンが知事を兼ねることの二律背反とみることもできよう。すなわちジャワの文化と儀礼の中心的担い手である王宮を率いるスルタンとしては、いかなる形態であろうとその維持、実践に務めるのが当然かもしれないが、知事としては理性的、合理的判断を優先しなければならないのである。上記の雑誌によれば、少なからざる人びとがこのような王宮側の説明とジレンマを承知した上でなお、王宮に何らかの行動を期待しているという。それだけ人びとが王宮との一体感をもち、信頼が篤いのもジョクジャカルタの特徴といえよう。

◈おわりに

二〇〇六年のジョクジャカルタでは噴火と地震が同時に起こり、守護精霊の住処である南海と北山がともに沸騰したかのような異例の事態だった。さらに翌年にかけて災いが続いた。この非常時に少なからざる人びとがスルタンの出座を願い、神旗の巡回を願った。神旗はヒンドゥー教と大乗仏教が栄えていた古代の栄光の時代とその後に定着したイスラムを一身に体現するものである。この神旗が市内を巡回して、その諸神に願かけし、ジャワの精霊に働きかけて災禍を終息させてほしいというのである。

古代にジャワ文化がインド文化と融合して成立した、王を神格化する伝統はイスラム化を経ても持続し、あわせてスルタンにはジャワの精霊との交信により国と民の安寧を保つことが期待される。ジャワ人の信仰世界が内なる精霊と外からきた諸神の崇拝が複雑に重なり合い溶け合ったものであること、あわせて宗教が国を災禍から護る役割を担い、王がその執行者であることがよく示されている。

教育が普及し民主化が進んだ二一世紀においてなお、こうしたジャワ的な信仰複合の根強いことが、打ち続く天変地異の際にはっきりと姿を現したのであった。超自然的存在を認めつつ合理的判断を尊重するというジレンマに陥った王宮が結局、いまだその時にあらずと神旗巡回に応じなかったことにもジャワの現在が表れているといえよう。

【参考文献】

ＮＨＫ「アジア古都物語」プロジェクト編『ジョグジャカルタ　支えあう王と民』日本放送出版協会、二〇〇二年
中島成久『ロロ・キドゥルの箱——ジャワの性・神話・政治』風響社、一九九三年
深見純生「震災にみるジャワ社会の特徴」『桃山学院大学総合研究所紀要』三四—二、二〇〇八年
深見純生「ジャワにおける天変地異と王の神格化」『桃山学院大学総合研究所紀要』四〇—一、二〇一四年
深見純生「『ババッド・タナ・ジャウィ』におけるムラピ山—精霊と火砕流—」『桃山学院大学総合研究所紀要』四三—一、二〇一七年

コラム

災異説から予言へ

串田　久治

古代中国では、始皇帝の死や秦帝国の滅亡など、未来を予言する言葉やしるしを讖（しん）という。それが前漢末（紀元前一世紀）から後漢（一世紀）にかけて、災異や祥瑞などによって経書（けいしょ）を解釈する緯書（いしょ）と結合し、神秘的で予言的言辞に満ちた讖緯説（しんい）へと変貌していった。

前漢末、元帝の治世で「井戸の水が溢れて竈（かまど）の火を消し王宮を流す」という童謡が流行した。災異説で解釈すれば、水害は自然界の陰陽がバランスを崩した結果であるから、皇后（陰）が天子（陽）をしのぐ権力を掌握している過ちを天が戒めている現象であり、元帝に政治の刷新を求めているということになる。

災異説は天変地異を根拠に将来を予占するものではない。むしろそれを戒めた。ところが、この童謡は成帝（元帝の後継）即位二年目に北宮（ほっきゅう）で発生した水害を予言していたと解釈される。そして、それは成帝の死を予告するだけでなく、皇后王氏一族が誅滅（ちゅうめつ）され、ついに漢王朝も滅びるだろうとの予言となっている。

果たして水害から三十余年、予言どおり漢王朝は滅亡した。漢王朝を滅ぼした王莽が自ら皇帝となった根拠は、井戸から発見された「符命」という予言であった。そして、光武帝が「赤精の讖」という別の予言によって漢王朝を復興（後漢）させると、予言は即位の正当化とカリスマ的権威を強固にするための具となり、本来の災異説の批判精神を喪失していく。

第三部

外来者と天変地異

《琉球―沖縄》における海上からの「来訪者」と天変地異の「記憶」

――ウルマ島とニライカナイをめぐって

一色 哲

◈はじめに――琉球列島の現状と海上からの「来訪者」

現在、沖縄・宮古・八重山の各群島や奄美群島をふくんだ琉球列島（南島地域）は、国の「島嶼防衛」の政策による軍事化が進んでいる。新聞・テレビなどでしばしば報じられているのは、沖縄島の北部の名護市辺野古の「新基地」や高江のヘリパッドの建設にかんすることがらである。しかし、それほど知られてはいないが、奄美大島や宮古島、石垣島、そして、「国境の島」・与那国島などの島々では日本国の自衛隊の基地・拠点の構築とミサイル等の配備が進んでいる。

これらの軍隊や軍事基地、兵器は、すべて、琉球弧（南西諸島）の島々にとって島外、つまり、海上からやってくる。

ところで、沖縄や奄美では、豊穣や幸福をもたらす神（来訪者・来訪神）が海上はるかかなたにあるニライカナイという「異界」からやってくるという信仰がある。しかし、現実世界では軍隊や軍事基地、兵器などのように、海上から島々にやってくるのは、豊穣や幸福につながるものばかりではない。毎年襲来する台風がもたらす暴風雨もそうだ。

琉球弧の歴史上、軍隊や戦争も、何度も、何度も、海上からやってきた。琉球王国の形成期には、沖縄島から宮古島や石垣島、また、奄美群島の喜界島（きかいじま）や徳之島（とくのしま）などに琉球王国の軍隊が送られ、征服戦争がくり返された。そして、一六〇九年の薩摩藩による琉球侵攻や明治初年の一連の「琉球処分」、一九三〇年代以降の南西諸島の軍事化と第二次世界大戦末期の沖縄戦、そして、その後の米国による占領支配など、この地域に災いと被害をもたらすものが海上からやってきた。ことに、戦後沖縄では、米軍による占領を指して、「異民族支配」という言葉がしばしば使われている。このことからも、戦後二七年間にわたって沖縄を支配した米軍がいかにのぞまれない「来訪者」であったかということがわかる。

◈天変地異の両義性

しかし、視点を変えて考えてみると、そのような禍々（まがまが）しい災厄や破局的な破壊と、その対極にある豊穣や幸福は、それぞれ別々にやってくるのではないことがわかる。それらは、むしろ表裏をなし、両義性を帯びながら、同時にやってくることもある。

たとえば、台風は、毎年のように南島の農作物や生活を襲い、甚大な被害をもたらす。しかし、台風の来ない夏は、この地域に干ばつをもたらし、結果として農作物は実らず、人びとは飢えに苦しむことになる。つまり、台風は、甚大な被害とともに、多量の雨を降らせてこの地域に豊穣をもたらすという両義性をもっている。

一方、戦前の日本軍や戦後の米軍、そして、復帰後の自衛隊の駐留が、この地域全体に経済的利益や安全をもたらすという人がいる。しかし、沖縄米軍基地問題検証プロジェクト編による『それってどうなの？　沖縄の基地の話。』（二〇一六年）が正確に指摘しているが、沖縄県全体の基地経済への依存率は五パーセント程度に過ぎない。その一方、この地域に基地が存在することによる弊害は、いうまでもなく計りしれないし、現在も継続している。ここにも不均衡ではあるが、禍福の両義性がみられる。

このように、この地域に豊穣や幸福をもたらすものと、災厄や破壊をもたらすものは、必ずしも、それぞれ等価ではなく、不均衡な面もある。しかし、それらがもたらす被害と恵みは、ほとんどの場合、表裏をなしている。そのためか、沖縄や奄美を旅していると、この地域に暮らす人びとは、天変地異に直面した際にも、災厄を幸福へ、破壊を豊穣へと変えていく知恵と力をもっているのではないかと思うことがよくある。

そこで、以下では、この地域のうち、沖縄・宮古・八重山の各群島（以下、《琉球―沖縄》と表記する）における天変地異を、禍福を併せもつ海上からの「来訪者」と位置づけて、その「来訪者」の「記憶」がこの地域の人びとの営みにどのように残され、あるいは、そのような「記憶」が薄れていくことでどのような事態が起こるかについてみてゆきたい。具体的には、一七七一年の明和大津波に代表される地震と津波、それに、国境の島である与那国島の祭祀における「異国人」への祈りを素材として、天変地異と地域形成の問題を取り上げる。

◈《琉球―沖縄》にとっての天変地異

天変地異は、主として気象等にかかわる「天変」と、地上で発生する異常の「地異」とから成っている。このうち、天変には、台風、干ばつ、集中豪雨などの異常気象や、温暖化という人為的な要因がからんでいるとみられる海面上昇、それに、日食・月食、彗星のような天文現象、あるいは、隕石の落下などがふくまれる。一方、地異は、火山の噴火や地震、それにともなう津波といった現象を指すことが多い。

また、二〇一一年の東日本大震災における東京電力福島第一原子力発電所のメルトダウンによる放射能汚染などは、自然現象と人為的要因が複合した「新しい地異」といえるかもしれない。いずれにしろ、天変地異は、突発的に発生し、正確には予測が困難である破局的事象であり、結果として、一国のみならず、国際的に被害や影響が拡散し、社会の混乱や人びとの生活の破壊を引き起こすものである。これらのことをふまえて、これから《琉球―沖縄》における天変地異の問題について考えていきたい

《琉球―沖縄》は、地理的には、日本と中国・台湾の間にあり、朝鮮半島にも近く、一二〇〇キロメートルにもわたって点在する島々で構成されている。これらの地域は、台風の通り道にあたることは、よく知られている。また、後でも述べるが、この地域は巨大地震の震源域と間近に接しているという地理的条件と同時に、経済や政治、軍事など地政学的に重要な地点であるという特徴を兼ね備えている。したがって、《琉球―沖縄》における天変地異は、自然災害だけではなく、人為的な現象をふくめて考察する必要がある。

《琉球―沖縄》における災害や天変地異の公式の記録としては、一八世紀に琉球王国の正史として編纂され、琉球王国末期まで追記された『球陽（きゅうよう）』が、まずあげられる。そこには、琉球王国各地で起こった干ばつや台風などによる暴風の被害、地震や津波、それに、地面の隆起や陥没、病害虫の異常発生、異常低温による雪や霰（あられ）の記録などが記されている。

しかし、『球陽』によるまでもなく、これまで、《琉球―沖縄》には、毎年、台風が到来し、ときに甚大な被害を出してきたことはよく知られている。そのなかには、数十年から百年に一度というような巨大台風もあるだろう。しかし、毎年確実に到来する台風は、ある程度想定内ということで、《琉球―沖縄》の人びとにとって必ずしも天変とはいえないかもしれない。したがって、発生頻度からすると、異常低温や干ばつ、病害虫の発生などは、琉球の王朝とその地域の人びとにとって、天の怒りを啓示するかのような天変にあたり、地震や津波などは地異にあたるといえるだろう。

◈《琉球―沖縄》の地勢と歴史の概略

ところで、琉球王国は、一四二九年から一八七九年まで、つまり、日本本土の時代区分でいうと室町時代から明治初期までにあたる約四五〇年間存続した。農業生産力が限られており、強力な武力をもたなかったこの島嶼王国は、中華帝国や日本という大国のはざまに位置してきた。この間に、自然災害による天変地異以外にも、王国の存続を揺るがすような事態に直面することもあった。その島国の王国が、このように長期間存続したことは、奇跡的なことであった。

また、琉球王国は、建国当初から中国、朝鮮半島など東アジア地域をはじめとして、ジャワやアユタヤ、マラッカなど東南アジアを活動圏として幅広く交易していた。ポルトガルのトメ・ピレス（一四六五？～一五二四年、または一五四〇年）による『東方諸国記』の記述にも、これらの琉球人たちは、「ゴーレス人」とか、「レキオ（または、レケオ）」として記述されている。

その交易の過程で、琉球王国の船団は、しばしば、東シナ海沿岸に出没した倭寇をふくむ海賊集団の襲撃を受けている。これにより、琉球王国は、朝鮮半島との外交や通商関係が制限される事態におちいる。このように、異国人による襲撃に関しては、後で述べるように、国境の島である与那国島などにとって、切実な問題であり、現在の日本政府による「島嶼防衛」政策につながる問題でもある。

また、琉球王国は、一六〇九年、薩摩藩による軍事侵略を受けた。これにより、奄美群島は薩摩藩に割譲され、琉球王国全体も薩摩藩による実質的な支配を受けるようになる。《琉球―沖縄》では、このような外患を、王国末期から近代以降も何度か経験している。明治政府による「琉球処分」では、現在の那覇市古波蔵に日本陸軍の熊本鎮台分営がおかれ、日本の軍隊が《琉球—沖縄》に駐屯することになった。

また、「琉球処分」以降、沖縄県の農業は、サトウキビのモノカルチャー(単一作物の栽培)化がすすんだ。これは、明治政府による沖縄に対する内国植民地化政策の一環で、こうして得られた黒糖は、当時、近代日本の重要な輸出品で、外貨獲得の有効な手段となった。つまり、近代日本は、南島でのサトウキビ栽培の強制と本土資本による黒糖の利益の搾取により、国際競争力を確保していたことになる。

しかし、一九三〇年代になると砂糖の国際価格は暴落し、沖縄県の経済はサトウキビの単一栽培の影響で壊滅的な打撃を受けた。そのため、《琉球—沖縄》の人びとは、もともと、食用には適してしていないが、危機救済のための救荒作物であったソテツの実を食べなければならないほどの経済的な苦境におちいる。その状況は「ソテツ地獄」と呼ばれた。それをきっかけに、沖縄県では、出稼ぎ・移民として国内外に多くの人びとが出郷していった。この「ソテツ地獄」と称される経済破綻と生活苦についても、内国植民地化と世界資本主義システムの辺境地域に強制的に編入されたことによる結果といえる。これらは、すべて、沖縄にとってその外からやってきたものである。

また、一九三〇年代後半から南西諸島(南島)全体で軍事化が進み、軍事基地や要塞が各地につくられ、そこに日本の軍隊が進駐してくる。これらの「進駐軍」は、この地域と日本を防衛する名目で来島するが、これらは好ましからざる海上からの「来訪者」でもあった。冒頭に述べた琉球列島の現在の状況と不気味に符合するこうした戦前のこの地域の軍事化は、結果的に第二次世界大戦末期の沖縄戦に帰着する。そして、それは、その後、《琉球—沖縄》では、二七年間にわたる米軍による軍事占領の遠因ともなっている。なお、奄美群島の島々は、対日講和条約(サンフランシスコ講和条約)が調印された翌年の一九五三年一二月二五日、沖縄の島々に先だって、日本に復帰した。この米軍による占領も、また、《琉球—沖縄》が経験した外患である。

異国人による襲撃、戦争や外国軍隊の駐屯などは、もちろん自然災害ではない。しかし、予測が困難であることも多く、国際的にも影響が波及する恐れがあり、国家や社会が破滅的な打撃を受ける可能性がある点において、一種の地異といえる。そして、そのような特定の地異、つまり、軍事的侵略や外国軍の駐留などは、最初に国家の周縁部ではじまる。

◈《琉球—沖縄》でくり返される巨大地震のメカニズムとその痕跡

前にも述べたが、《琉球—沖縄》における自然災害に関する文字による歴史的記録は、『球陽』による限り五〇〇〜六〇〇年前までさかのぼれるにすぎない。したがって、記録に残されている巨大地震はさほど多くない。しかし、この地域が、日本列島の他の地域同様、かつて激しい地震や津波、地殻変動を経験している痕跡は散見される。

なにより、《琉球―沖縄》の雅名「ウルマ島」は、一説には、珊瑚礁をさす「ウル」と島を意味する「マ」、つまり「珊瑚礁の島」を意味しているといわれている。実際に、南島の島々の大部分が、かつては海中にあった珊瑚礁が隆起してできた大地で構成されている。他に、真偽のほどは定かではないが、与那国島近海には「海中遺跡」と称される構造物があって、地上の人工構造物が地殻変動で水没した物ではないかという説もある。このようなことから、この地域にかつて激しい地殻変動があったことが推定される。

地形的にみても、琉球列島の東シナ海側には、南西諸島・琉球諸島の西側に沿って沖縄トラフと呼ばれる長さ約一〇〇〇キロメートル、幅約二〇〇キロメートルの細長い海底のくぼみがある。この広範囲に広がるくぼみは、かつて日本列島が地続きであった大陸から引きちぎられて形成されたときのなごりである。この沖縄トラフは、二〇一六年四月一四日に発生した熊本地震の震源域をふくむ別府・島原地溝帯に接続している可能性も指摘されており、これらの地震や中央構造線の活動に誘発されて、沖縄トラフ近海で巨大地震が近い将来起こることもあるのではないかと指摘する研究者もいる。

また、太平洋側には、フィリピン海プレートがユーラシアプレートに沈み込んで形成された琉球海溝がある。この琉球海溝は、長さ一三五〇キロメートル、幅六〇キロメートル、平均深度は六〇〇〇～七〇〇〇メートルで、最深部は七五〇〇メートルにおよんでいる。そして、この海溝は、四国沖の南海トラフ（東海・東南海・南海の各地震の震源域）と接続しており、南海トラフをふくんだ地域の地殻変動が連動した超巨大地震の危険性も指摘されている。

これらの地質的特徴から、琉球弧では、しばしば巨大地震が発生している。この地域の北端にあたる喜界島では、一九一一年六月一五日にマグニチュード八・〇、最大震度六の地震が発生し、津波の被害もあり、奄美群島から沖縄島にかけての地域で多数の死傷者を出している。

喜界島は島の南西部から北東部にかけてゆるやかに隆起しており、島の東岸は約二〇〇メートルの断崖となっている。この断崖は、およそ一二万年かけて形成されてきたと考えられる。その間、過去七〇〇〇年間に四回の大規模な隆起が確認されている。また、喜界島東岸には、津波により打ちあげられた巨石の痕跡がある。これら遺物などの痕跡をたどっていくと、一九一一年の喜界沖地震をふくむ震源域では、津波をともなった巨大地震がこれまでも発生したことがわかる。ちなみに、琉球海溝は、台湾にまで至っている。台湾の東側海中でも、しばしば大地震が発生していることはよく知られている。

◈八重山地震と明和大津波

さて、文字としての記録に残っている範囲で、この地域で最も大きな被害があったのは、一七七一年に起こった八重山地震とそれに伴う明和大津波である。静岡大学などの調査で、この地域では過去二〇〇〇年間で少なくとも四回の大津波の痕跡が確認され、約六〇〇年に一回の間隔で巨大地震が発生していると指摘されている（『沖縄タイムス』二〇一七年五月三一日）。また、琉球王国末期に琉球に滞在したフランス人のカトリック神父の一八五五〜六〇年の日記によると、約三年半の間に地震が四五回発生したと記録されている（同紙、二〇一六年二月八日）。

さて、この八重山地震は、一七七一年四月二四日（明和八年三月一〇日）に発生した。この地震の震源は八重山群島近海で、マグニチュードは七・四〜八・七と推定されている。また、地震発生のメカニズムは、フィリピン海プレートがユーラシアプレートに沈み込む過程で発生した海溝型地震と考えられている。ただ、地震の規模に比べると震度は大きくなく、震源に近い石垣島でも最大震度は四程度であった。

この地震での陸上での揺れは大きくはなかったが、プレート境界での地震とは別に、海底で緩やかな地滑りが生じた可能性があり、本震の後で宮古・八重山群島を中心として巨大な津波が襲来した。つまり、この地震は典型的な「ぬるぬる地震（津波地震）」で、海底面のずれが滑るように時間をかけて起き、その範囲が大きかったことから、大津波が起こったのだ。この種の地震は、陸上での震度が比較的小さくても、大きな津波を生ずることが特徴として知られている。

ともかく、この大津波により、宮古島・石垣島では島の大半が浸水し、津波は最大で三〇メートルも遡上したとされている。また、当時の記録からは、六〇メートル近い遡上高があったという説もあるが、周辺の現象と矛盾するところがある。

先述のとおり、この地震の揺れによる陸上の直接的被害はほとんどなかったことから、島民たちの多くは、その後、大津波が来襲するとは考えていなかった。だから、島民たちの間には油断があったのだろう。その結果、地震後の大津波により両群島で一万二〇〇〇名あまりの死者・行方不明者を出した。石垣島では九四〇〇人余りが犠牲になり、一四の村が流された。

犠牲者の数は石垣島の全住民の三分の一にあたり、地震・津波による地異の後、労働人口の減少は深刻であった。また、ただでさえ耕作可能な土地は限られていたが、そのほとんどが津波による塩害にみまわれた。そのため、これ以降、長期間にわたって農業生産が低迷し、飢饉が慢性化することになった。それに加えて、疫痢などの伝染病も蔓延し、さらに住民の犠牲は増大した。一説によると、このときの影響はその後も一〇〇年余り続き、明治初年になっても、石垣島の人口は地震・津波前の状態には回復していなかった。まさに地変の典型的な例がそこにあった。

◈地震と大津波にまつわる伝説・奇伝

ところで、この大津波に関してはいくつかの伝説や奇伝が残されている。そのうち、津波を人魚と関連付ける伝説が各地に残っている。長年にわたって八重山地震と明和大津波について科学的見地に立って実地調査を実施し、古文書解読や聞き取り調査を通じてその被害について解明してきた人物に牧野清がいる。彼は、「八重山学の偉人」とも称されるが、その牧野の『八重山の明和の大津波』（私家版、一九八一年）によると、西表島、黒島、宮古島には以下のような奇伝が残されているという、それは、人魚が火あぶりにされているときに、海神が現れて津波を起こし、人魚を助けたという言い伝えである。また、別のところでは、違った奇伝が残されている。それは、石垣島東岸の野原崎（のばるざき）には、人魚を住民が助けたことにより、人魚から津波の襲来を告げられて、それを信じた人びとが救われたというものである。

この他、明和大津波の「記憶」としては、石垣島東岸の津波石群があり、そのうちのいくつかは天然記念物に指定されている。「高（たか）こるせ石（いし）」、「あまたりや潮荒（すうあれ）」、「安良大（やすらうふ）かね」、「バリ石（いし）」などがそれである。また、宮古群島の宮古島や下地島（しもじじま）、伊良部島（いらぶじま）などにも同じような巨石が存在している。しかし、近年の調査により、これらの内陸の巨石群は、明和大津波だけではなく、約六〇〇年周期でこの地に襲来する過去の津波の痕跡もふくまれていることがわかってきている。

これらの伝説や津波の痕跡は、歴史的記録と人びとの伝承のあいだにあった。このようなかたちで残された地域の大災害の「記憶」は、過去何度も起きてきた災害・天変地異の記憶が融合しているものとも考えられる。いずれにしろ、民衆は、文字史料とは別に独特の形式で大災害や天変地異の記憶を後世のために残しているともいえる。

◈天変地異の「記憶」と人口の偏在

沖縄島の地図をながめたときに、人口が比較的多い都市部は東シナ海岸に多いことがわかる。その理由は、第一に、台風による被害を避けるためである。沖縄に襲来する台風の場合、まず、太平洋からやってきて沖縄近辺で速度をゆるめ、その後方向転換をして日本本土に向かうことが多い。そのため、より台風被害の少ないと考えられる西海岸（東シナ海側）に人口が集まりはじめたのだろう。第二に、琉球王国は、中国の王朝に朝貢しており、東シナ海側に使節団を迎えるために、貿易の根拠地となる港湾を建設することが合理的であった。

それ以外に、先に述べたとおり大災害や天変地異の記憶が人びとの行動に影響をおよぼし、その結果、人間の一生の何倍、何十倍の周期で到来する地震やそれに伴う津波の記憶が、《琉球—沖縄》の村落立地と土地利用に影響を与えたとも考えられる。つまり、太平洋側では、かつて大災害がくり返し起こった。その痛々しい記憶が、人びとにそこに住むことを敬遠させ、結果として、太平洋岸には人があまり住まなくなったのではないだろうか。

もっとも、石垣島では地震や津波の被害が想定される島の南部（太平洋側）に人口が集中している。これは、島の東海岸から北にかけての地帯がマラリアの有病地帯であり、地域の住民はそのようなことを熟知したうえで、それら問題のある地域には住まないようにし、子孫にもそれを言い伝えていたからである。これも天変地異の記憶のたまものであろう。

これに対して、近代以降、社会経済の変化により、こうした村落立地や土地利用の形態も変わっていった。現在、沖縄県の人口は約一四五万人で、その九割が沖縄島に住んでいる。また、産業活動も活発になっているので、太平洋側の与那原（与那原町）や泡瀬（沖縄市）などに埋め立て地が造成され、そこに新しい街（新興住宅地・ニュータウン）ができ、那覇市や沖縄市といった大都市の通勤圏・ベッドタウンとして人びとが住みはじめている。

また、戦前、集落があった東シナ海側に日本軍の飛行場等の軍事基地ができ、それが原型となって、戦後、米軍基地がつくられる。普天間基地や嘉手納基地、伊江島や読谷の訓練場など、沖縄の主要な基地は、島の西側、つまり、東シナ海側に多い。そのため、米軍基地建設のため土地を奪われた人びとは、太平洋側に住まざるをえなくなった歴史的事情もある。

その一方、戦後の占領以降、必然的に住民があまりいない地域にも米軍基地が建設された。そのため、米軍占領中には、太平洋岸にも基地が集中するようになった。泡瀬通信施設、ホワイト・ビーチ地区、キャンプ・マクトリアス、キャンプ・コートニー、金武訓練場（ブルー・ビーチ、レッド・ビーチ）、キャンプ・シュワブ、辺野古弾薬庫、北部訓練場などがそれである。また、普天間基地の移転先である名護市辺野古地区や高江のヘリパットも太平洋岸にある。

これらの基地について、沖縄県が公表している津波のハザードマップによると、辺野古弾薬庫など内陸地域以外のほとんどで、一〇～二〇メートルの津波の被害が想定されている。つまり、われわれの一生のうちには起こらないかもしれないが、何百年かの周期で確実に訪れる巨大地震と破局的大津波が、こうした軍事施設を襲う可能性が否定できないということである。

そして、これらの軍事基地には、さまざまな兵器、武器・弾薬だけではなく、自然環境にとって有害な化学物質も貯蔵されている。巨大地震は基地の構築物を損壊・倒壊させ、その後の大津波はそこから有害物質や弾薬等の危険物を一挙に海上に流失させることになる。まさに、東日本大震災のさいの福島第一原子力発電所の事故にみられるような事態が、沖縄島の太平洋岸や東シナ海側の基地で生じることになると考えるのには、充分な根拠がある。

「天災は忘れた頃にやってくる」とは、物理学者の寺田寅彦の言といわれている。人は、大災害に直面したときにさまざまな形でそれを記録し、後世への警告として天災の記憶を伝えようとする。しかし、時間がたつに従って次第にその記憶が忘れられていく。

先人たちは過去の経験を伝えようとした。しかし、後世の人びとはその努力を無視して、危険な地域に住宅をつくり、鉄道を通し、工場や街をつくった。そのことによって、東日本大震災では被害が拡大したということである。また、その後も続発している日本各地の水害や震災でも、地名に過去の災害の痕跡が残されていることが、事後に報道されたことは記憶に新しい。

高田知紀ら都市計画や土木学の研究者によると、先の東日本大震災の際、仙台市若林区の浪(なみ)分(わけ)神社などに代表される近世以前から存在している宗教施設の多くが津波からの被害をまぬかれている。その点に着目して、過去の天変地異に関する先人たちの「民衆的な記憶」の残し方が見直されている。

ひるがえって、《琉球―沖縄》でも、天変地異についての先人たちの「記憶」の痕跡が認められるだろう。それは太平洋岸に人口が集中するのを避ける傾向があったこと、すなわち村落立地と土地利用に生かされていたという事実である。しかし、数百年から数千年の周期で襲来する巨大地震と大津波のこうした「記憶」のあり方は、近代以降、科学的知識の普及と建築・生活技術の発展により、かえって迷信として忘れ去られる傾向にあるのではないか。そして、忘却は、再び起きるだろう天変地異により、有害・危険物質の流出のような環境の破壊などの二次被害もふくめて、救いようのない、大きな被害をその地に引き起こすことになるかもしれない。

さて、大津波と同様に、外患も、《琉球―沖縄》にとって海上からの「来訪者」であり、地域と社会を揺るがせる地変のひとつであった。

◈国境の島・与那国の軍事化と「来訪者」

与那国島は、《琉球―沖縄》・南島の最西端、すなわち、日本国の最西端にある国境の島である。地理的には八重山群島にふくまれているが、同群島の主島である石垣島からは約一二四キロメートル離れている。また、東京からの距離は、約二〇〇〇キロメートルあり、日本国内で最も東京から距離のある地域である。そのため、祭祀等の文化の面では当該群島の他地域とは異質である。一方で、台湾（中華民国）の宜蘭（ぎらん）県蘇澳（すおう）鎮までは一一一キロメートルの距離しかなく、島の最西端・西崎（いりざき）にたつと、年に数日は屏風のようにそびえ立つ台湾の山々が望める。与那国島は、こうした地政学的な位置にあることで、歴史的に台湾との交流がある一方で、外来勢力の侵入を受け、その脅威に直面することも多くあった。

この与那国島に、二〇一六年三月、海上自衛隊ではなく陸上自衛隊の与那国駐屯地が開設され、与那国沿岸監視隊が配備された。この部隊は情報収集のための部隊で、島外だけではなく、島内の住民の情報をも収集しているのではないかと思われる。つまり、この部隊はいわゆる離島警備部隊ではない。その陸上自衛隊が与那国島に駐屯するまでの主な経緯は以下のとおりである。

二〇〇〇年ごろから、台湾や中国の船舶等に対処するために、自衛隊の配備が島内外で検討されてきた。そして、二〇一五年二月に自衛隊配備の是非を問う住民投票が行われた。この投票は、中学生以上の未成年や永住外国人にも投票権が与えられるという異例のかたちで行われた。その結果、有権者一二七六人のうち一〇九四人が投票し（投票率は八五・七四パーセント）、賛成六三二票、反対四四五票（無効票一七）で、自衛隊配備に賛成という結果に終わった。

その後、この結果をふまえて、駐屯地と監視レーダー等の施設建設のため最大六〇〇名の工事関係者が島に滞在し、一時的に島の経済が活気づいた。また、駐屯地開設時に、自衛隊員とその家族約二五〇名が転入し、人口が久しぶりに一七〇〇名台に回復した。つまり、人口の約一五パーセントが自衛隊関係者ということになる。

このため、町政にも変化が生じている。具体的には、自衛隊関係者の転入により住民税四〇〇〇万円と駐屯地賃貸料一五〇〇万円余りが町にとって増収となった。その結果、それらを財源として、自衛隊員の子どもたちも通う小中学校や幼稚園の給食は無償化された。つまり、こうした「外来者」は、島にさまざまな経済的恩恵を与えたことになる。

このような「実績」を背景に、外来者である自衛隊関係者が、選挙による投票行動等により町政に対して一定の影響を及ぼそうと思えばできなくはないという事態が発生している。参考までに、二〇一九年二月二四日に行われた「普天間飛行場の代替施設として国が名護市辺野古に計画している米軍基地建設のための埋立てに対する賛否についての県民による投票」における与那国町での投票結果は、有権者の五〇・九四パーセントにあたる七〇八名が投票した。この低投票率は、島民の間でこの種の問題についてあまり関心が高くないことを示している。そして、投票結果は賛成三三・三三パーセント、反対五二・六八パーセント、どちらでもない一三・九八パーセントとなった。ちなみに、賛成の比率は、県下四一自治体中二番目に高かった。

◈国境の島・与那国のマチリ（祭り）

さて、この国境の島には、農作物の種まきから収穫までを一サイクルとして、年間大小あわせて三〇の祭事が各公民館を単位に行われている。それらの祭事では、家族円満や子孫繁栄、無病息災、五穀豊穣、航海安全、海上平穏、大漁祈願等が集落ごとに祈られている。また、近年では、自衛隊の駐屯地の幹部がマチリの現場に招かれることも多くなっている。

そのうち、神が降りてくる神の月（カンヌティ）といわれる旧暦一〇月以降の庚申の日から二五日にわたって行われるマチリは「カンブナガ」とよばれている。このマチリの期間中、島人たちは四足の動物、特に牛の殺傷と食肉が禁止されるなど、神聖な行事である。

このカンブナガのうち、久部良（くぶら）という集落で行われるクブラマチリでは、異国人や大国人（海賊）の退散を願う祈禱がされる。このマチリに関する言い伝えによると、昔、島には外敵がたびたび襲来し、食糧や家畜を略奪したり、女性たちに暴行を加えたりするなど大きな被害がでた。そのため、島人は大きなゾウリを作り、海に流し、島には強大な巨人がいるように見せかけて外敵退散を願ったという。つまり、このマチリでの祈禱の目的は、予測不能で、住民に被害をもたらす外敵を地異ととらえて、それらを防ぐものであった。

第二次世界大戦末期の沖縄戦では、先島地域（宮古・八重山群島）のなかで軍隊が駐屯していた宮古島や石垣島では、本格的な陸上戦はなかったものの、米国軍や英国軍の空襲により、相当な被害を出している。それに対して、与那国島では軍隊が駐屯していなかったので、連合国軍の攻撃対象とはならず、被害をほとんど受けていない。また、戦後は、米軍占領下でも米軍基地や関係施設は設けられていない。

一方で、小池康仁がその詳細を明らかにしたように、一九四五年から五〇年代のはじめにかけて、与那国島は沖縄各地と台湾や中国大陸（香港等）との間の「密貿易」の拠点になっており、この時期には、島の人口が流動人口をふくめて二～三万人にふくれ上あがった。そのため、闇市をはじめ、飲食店や食堂が一〇〇軒以上に増え、映画館も多数あったといわれている。しかし、このような繁栄は、琉球政府成立以降、米占領軍の統制が厳しくなると、なくなってしまった。

この密貿易で取引されたのは、沖縄戦で使用された薬莢等の金属類や、主として沖縄島の米軍基地から違法な手段で持ち出された物資などであった。このように、命がけで、あるいは、知恵をしぼって、軍事物資を手に入れることを、沖縄では「戦果アギャー」とよんだ。

そして、この密貿易での取引に使われた物資のうち、特に、金属類は、その後、中国大陸での国民党と共産党の内戦である「国共内戦」で再使用された。また、その後、米軍主体の国連軍と中国の義勇兵が闘った朝鮮戦争でも、中国兵の物資として再利用され、米軍兵士の多くを殺傷するために使われた。そのため、米軍は、一九五〇年代になるとこのような「密貿易」を沖縄人の「民警察官」などをつかって、厳しく取りしまるようになったのである。

軍隊の駐留は、平時には安全を保障するかのように喧伝（けんでん）されることはあるが、戦時には敵国の攻撃対象になるなど、新たな外患を招く重大な要因にもなる。また、軍隊の駐留による外来者の増加は、税収や選挙などを通じて地域の自治に大きな影響を与えることになるが、これについても住民との摩擦や犯罪等で地域に害をもたらす存在になる可能性も大いにある。

現在の与那国島では、マチリに、自衛官幹部が来賓として出席している。このことは、島が外来者を受け入れ、その外来者に一定の役割を付与することで、共存しながら、取りこみを図っているともいえる。同様に、沖縄島でも、駐留米軍の兵士と地域住民との間には、犯罪発生時などでの敵対的な関係があるが、日常的に友好的な交流がみられ、駐留米兵たちとそれなりの共存関係ができている。

こうしてみると、地震や津波といった地異による破滅的な破壊が、有害・危険物質の漏泄等の二次的地異を生じさせるように、軍隊という特殊で強力な力をもった海上からの「来訪者」の存在が戦乱等の地異にかかわるようになれば、地域社会に壊滅的な影響を加えることにもなる。

これまで強調してきたとおり、《琉球―沖縄》へ海上からやってくる「来訪者」は、同地に禍福をもたらす両義的な存在である。そして、日本本土から台湾を結ぶ「海上の道」にあたる《琉球―沖縄》に暮らす人びとは、そのような存在と共存し、利益を得、損害を最小化する術を身につけながら生活している。

◈おわりに――「禍」を転じて「福」となす力

考えてみれば、外来宗教であるキリスト教もまた、南島の人びとにとって海上からの「来訪者」である。キリスト教は、プロテスタントもカトリックも、福音信仰とともに、人権や個人の尊重といった近代的な価値観や意識をもたらしてこの地域を変えていった。また、学校教育や社会・福祉事業など近代的な施設を域内に建設し、それらを、住民たちと共同で運営することで、南島の近代化に寄与してきた。

しかし、戦前の奄美大島や喜界島などでは、キリスト教は弾圧され、その他の島でも、戦前、軍事化が進むなかで、伝道・布教に対して圧力が加えられた。キリスト教を忌避する人びとにとっては、この「来訪者」は「禍（わざわい）」をもたらすものであった。ところが、戦後、一転して、沖縄を軍事占領した米軍はその統治に当たって、キリスト教を宣撫（せんぶ）工作の一環として積極的に利用した。この宣撫工作としてのキリスト教の活用は、「来訪者」であるキリスト教が、外国軍隊という海上からの「来訪者」が引き起こした禍を覆い隠す役割を果たしていく。

戦後、沖縄の荒廃のなかで「ひやみかち節」という民謡が生まれた。そのなかに、以下のような歌詞がある。

ひやみかち節

稲粟ぬ稔り
弥勒世ぬ印
心うち合わち
気張いみそり　気張いみそり
（くり返し）
ヒヤ　ヒヤ　ヒヤヒヤヒヤ
ヒヤミカチウキリ
ヒヤミカチウキリ

我んや虎でむぬ
羽ちきてぃたぼり
波路パシフィック
渡てぃなびら　渡てぃなびら

作詞・平良新助／作曲・山内盛彬

（訳詞）
作物の豊かな実りは
平和で理想的な世界の兆し
心を一つにして
がんばっていきましょう
（ヒヤ　ヒヤ　ヒヤヒヤヒヤ）
「エイッ」と起き上がりましょう
気合いをいれて起き上がりましょう

わたしは虎だから
翼を付けてくれたなら
太平洋の大海原を
渡ってみせましょう

七転び　転でぃ
ヒヤミカチ起きり
我した　此ぬ沖縄
世界に知らさ　世界に知らさ

七回転んでも
気合いをいれて立ち上がるぞ
わたしたちのこの沖縄を
世界に知らせよう

この「ひやみかち節」は、戦前米国に移住して成功した実業家で、第二次世界大戦中は米国で敵国人として強制収容される経験もした平良新助（一八七六〜一九七〇年）が、戦後沖縄に帰り、荒廃した「生まり島」、つまり、ふるさとを励ますために詠んだ琉歌（南西諸島でひろく詠まれてきた短詩形の定型詩のひとつで、八・八・八・六の三〇音を基本形としている）がもとになっている。それに琉球古典音楽の第一人者である山内盛彬（一八九〇〜一九八六年）がメロディをつけ、二番以降の歌詞を加えてできた民謡である。この曲のアップテンポで、軽快なメロディは、いま聴いても心躍り励まされるものである。

また、この「ひやみかち節」が、最近、人びとの心を奮い立たせることになったできごとがある。二〇一九年一〇月三一日未明、首里城は突然の火災で焼け落ちた。この天変地異ともいえる事態に、住民たちは、しばらくは、涙を流して茫然と立ちつくしていた。しかし、この「ひやみかち節」は、「禍」に沈む心を、復興・再建にむかわせる原動力のひとつになったという。

沖縄は、戦前、日本本土から軍隊を「来訪者」として受け入れた結果、沖縄戦により破滅的な打撃を受けた。そして、戦後も、別の「来訪者」である米軍による軍事占領を二七年間にわたり経験した。その占領のはじまりは、沖縄島に十数か所設けられた民間人捕虜収容所からであった。その捕虜収容所では、ほかにも「屋嘉節」などの新しい民謡がたくさんつくられた。そして、収容された沖縄の人びとは、米軍のパラシュートの糸と缶詰の空き缶やあり合わせの木材で三線という楽器をつくり（それらは、「カンカラ三線」と呼ばれている）、折にふれて、自ら置かれた境遇や荒れ果てたふるさとを悲しみ、別れた家族を懐かしみ、唄を口ずさみながら多くのものが失われた戦後に、希望をもって踏み出していった。そして、それらが現在でも歌い継がれていることで、戦禍とその復興の「記憶」が後世に伝えられているということになる。

　ここまで、天変地異は常に禍福の両義性をふくんでおり、《琉球—沖縄》の人びとはさまざまなかたちで「禍」を「記憶」し、「来訪者」に「福」を託すことにより、苦難を乗り越えてきたことを述べてきた。その際に、《琉球—沖縄》に暮らす人びとは、「禍」を「福」となす知恵と力をもっていると述べたが、それは、このようなしなやかな精神と「唄三線」などの記憶のあり方からわいてくるものであろう。

　日本軍も連合軍・米軍も、《琉球—沖縄》に暮らす人びとにとって望まぬ「来訪者」「外患」であった。そして、人びとは、打ち砕かれ、たたきのめされ、打ちひしがれ、虐げられた。しかし、そのような仕打ちを受けてさえ、人びとは、翼を身に付けることができたら、太平洋の大海原をわたってニライカナイまで渡っていって、宝のようなふるさとのことを世界に知らせようと、なお、希望を語り、その希望は唄に乗せられ、口伝えに広がり、受け継がれていく。そのような愛おしい営為によって、《琉球―沖縄》に暮らす人びとは、くり返し、何度も、「禍」を「福」に変えていったのである。

さて、ニライカナイはほんとうにあるのか。そして、それはどこにあるのか。それは、幻かもしれないが、それがあると信じることで、「禍」を「福」に変えていく。そうだとしたら、天変地異に鍛えられた知恵と力によって、ニライカナイは人びとの内なる心のなかに育てられているのであろう。

【参考文献】

球陽研究会編『沖縄文化史料集成　五　球陽　読み下し篇』角川書店、一九七四年
木村政昭『地震と地殻変動―琉球弧と日本列島―』九州大学出版会、一九八五年
高田知紀・梅津喜美夫・桑子敏雄「東日本大震災の津波被害における神社の祭神とその空間的配置に関する研究」『土木学会論文集F6（安全問題）』六八巻二号、二〇一二年
小池康仁『琉球列島の「密貿易」と境界線　一九四九―五一』森話社、二〇一五年

植民地支配は天変地異に代わるものだったのか
——近代朝鮮での王朝交替予言の変容

青野　正明

◈はじめに

朝鮮王朝時代に、李(イ)氏の王朝(朝鮮王朝)の滅亡と鄭(チョン)氏による新王朝の到来を予言した『鄭鑑録(ていかんろく)』という書物があった。この予言書に書かれた王朝交替予言によると、王朝が滅亡する時期に戦乱や災禍(さいか)が起こるという。しかしながら、日清戦争のきっかけとして知られる甲午農民戦争(一八九四年)はあったが、天変地異は起こらないまま王朝は亡び、一九一〇年から日本による植民地支配が始まる。それから八年あまりを経て三・一独立運動(一九一九年)が起こり、その直後に王朝交替予言の影響を受けた多くの人びとが鶏龍(ケリョン)山という山に移住するというできごとがあった。

鶏龍山は新王朝の都になると予言された地である。ということは、鶏龍山への移住を予言成就の観点から理解するなら、人びとは植民地支配を天変地異に代わる過酷な体験として受け止めていた可能性が高い。

ここで、『鄭鑑録』の予言について補足説明をしておく。一九一九年三月一日、ソウル(当時は京城)を起点に大規模な独立運動が起こった。三・一運動である。これをきっかけにして、韓国併合後に沈静化していた『鄭鑑録』の予言が目を覚まし、新しい世の期待が人びとの心の中に再燃していく(第二部「朝鮮における天変地異と予言——讖緯書『鄭鑑録』に描かれたユートピア」参照)。その結果、新王朝の到来を予言する多くの新宗教団体が現れ、それらに加わっていく人びとも数を増した。独立運動はこの予言が成就するという期待を多くの人びとに与えることになったからである。

この『鄭鑑録』は朝鮮王朝の中期以後に広まった予言書であり、七〇種あまりの異本があるともいわれている。鶏龍山は李氏王朝が五百年続いた後に、鄭氏が王となる新王朝の都ができると『鄭鑑録』で予言された山で、朝鮮半島の中部よりやや南に位置する忠清南道(道は日本の県に相当)にある。鶏龍山の南麓には、ここが新都邑地だとして新都内を意味するシンドアン(신도안)という居住地域が誕生した。そして、三・一運動の直後に『鄭鑑録』の予言にもとづき多くの新宗教団体が鶏龍山に集まってきた。

一九四五年に日本統治から解放された後の韓国においても、『鄭鑑録』予言が継承されていたことを確認できる。朴正熙(一九一七〜一九七九年)による独裁政権下の一九七〇年代、セマウル運動というわば農村近代化政策の中で、民間信仰や新宗教団体などが「迷信」や「似而非宗教」(偽の宗教という意味）として弾圧された。その後も、一九八四年の民間人シンドアン撤去計画によってこれらの団体は移転させられたが、鶏龍山を中心とした地域から遠く離れずに周辺に留まりながら、近づきつつある新しい世を待っているという。

本章では、『朝鮮の占卜と予言』『朝鮮の類似宗教』など、植民地期に統治者である日本人が著した調査資料を参照し、王朝交替予言において植民地支配は天変地異に代わるものだったという可能性を検証しながら、植民地期に王朝交替予言が植民地支配に合わせて変容しながらも継承されていた事実を紹介しよう。

◈予言成就の期待

左は鶏龍山の頂上にある岩に彫られた予言文字の写真である。そこには「方百馬角　口或禾生」と書かれていて、文字を分解したり組み合わせたりして吉凶禍福を読み解く破字の方法で書かれた予言とされる。「方」は四、「馬」は午で八と十の組み合わせ、「角」は二本、「口」と「或」で國となり、「禾」と「生」を合わせると秩で移の古字となる。つまり、朝鮮王朝が「四百八十二」年で亡んで新国家に移ることを予言しているという（『朝鮮の占卜と予言』）。

この地に移住してきたのは、大小の新宗教団体であった。調査資料を見る限り、彼らの教えに共通するのは、排他的な選民意識に立ち、それぞれの団体の信徒たちだけが新王（教主の場合もある）を鶏龍山で迎え、新王の下で高位高官の特権が授けられるという点である（『朝鮮の類似宗教』）。

調査資料の筆者が村山智順（総督府嘱託）であるため、これを文字通りに受け取ることはできない。むしろ、予言が成就されて、今の低い身分や困窮状態が覆されることを人びとが切実に願っている点を汲み取るべきだろう。この点に注目すれば、天変地異が起きた後に、社会をおおう旧身分や搾取される状況を覆してくれる新時代が来るという予言の中で、天変地異に代わる過酷な体験として植民地支配が認識される、という変容をみいだすことができるのではないか。

村山の他の調査資料には、一九一九年の三・一運動前後におけるシンドアンの戸数の増加が忠清南道警察部の調査として提示されている。それによると、一九一八年末では戸数五八四、人口

鶏龍山の頂上にある予言文字
（『朝鮮の占卜と予言』より）

二六六七であったのが、三・一運動の直後に移住者が急増し、一九二二年末には戸数一五七六、人口七〇一九にまで増加している（『朝鮮の占卜と予言』）。

村山はこの状況を次のように描写している。鄭氏の新王都を「地上天国」とみなす「類似宗教」の教徒は続々として増加し、新都の開拓に参加して将来の幸福を望む者は各地より家産を売り、故郷を棄（す）ててこの地に移住した。そのため、それまでは「不毛の一寒村」に過ぎなかったシンドアンは、「学校も市場も開設せる立派な新興部落を形成するに至」った（『朝鮮の類似宗教』）。この描写からは、村山にとって学校や市場が開設したことがよほどの驚きであったことをうかがい知れる。シンドアンに移住して来る人びとの多くは、没落して流浪の民となるか、あるいはその危機に直面している農民たちであった。

三・一運動から四年後に発行された調査報告書によると、シンドアンの夫南里（プナムニ）に移住した侍天教（シチョンギョ）（新宗教団体、以下も同じ）の信徒は一六四戸（一九二二年三月現在）にのぼるという。調査者は小作農と自作農それぞれ一名に面接し、彼らの移住状況を次のように説明している（『朝鮮部落調査予察報告　第一冊』）。

小作農は一九二〇年三月に黄海道（ホアンヘド）載寧郡（朝鮮半島西北部）から移住してきた。移住当時は家と敷地を売った代価「現金三百円」を所持していたが、このときはすべて食い尽くし、わずかに「三間の住家」が残っているだけで、「よい土地柄と聞いて来たが、此の先どうするか考え中だ」と前途に不安を感じている。

自作農は一九二一年二月に黄海道松禾郡（朝鮮半島西北部）から移住してきた。水田と畑を全て売った代価の二〇〇〇円をもってきたが、一三〇〇円で耕地と住居を手に入れ、水田六反五畝と畑二反五畝で生活を維持しているという。彼に移住の動機を尋ねたところ、北部地方が「不穏」だとか、「侍天教の為」だとかいうので、調査者は彼の真意はどうだろうかと疑問を抱いている。

小作農の不安は「新都」建設の前途が多難であることを示している。「新都」建設といっても、生活維持に必要な経済的な計画をもっていないために、理想とは異なる厳しい現実がシンドアンには横たわっていることがうかがえる。

新王を待ち望む

ここで、自作農の真意に対して調査者が抱いた疑問を解く手がかりとして、三・一運動前後における『鄭鑑録』に影響された団体の予言の例をあげよう。天道教（チョンドギョ）は日清戦争のきっかけで知られている東学（トンハク）の後身団体で、教義的には『鄭鑑録』予言の影響があまりみいだせない。したがって、予言をしたこの団体は三・一運動前後に生じた天道教の分派と考えられる。

予言は次のような内容であった。本教は五万年無極の大道だから、将来は国権が回復した後に世界を統一する。今、本教を誠をもって信じると願いが天に通じ、国権回復・世界統一の後は高位高官の要職が授けられるうえ、自分だけでなく子孫にもまた幸福が無限に続いていく。我が教祖の崔済愚（チェジェウ）（一八二四〜一八六四年）は、本教の創設から六一年目（一九二〇年に当たる）に甦り世界統一の大業を成就する(『鄭鑑録の検討』)。

この内容は、三・一運動と『鄭鑑録』予言の関係を知る上で貴重である。新王が教祖の崔済愚で、国権回復後に世界統一の大業を成就するという点は、シンドアンに移り住む人びとの真意を理解する、つまり三・一運動を民衆の内面から理解するためのひとつの手がかりとなろう。

また、新王を待ち望む民衆の切実な心理を伝えるできごとがある。それはシンドアンの七星閣に安置された七星教(チルソンギョ)の宝物である「草皷(チョゴ)」にまつわる事件であった。草皷とは草で作られた太鼓のことで、通常では叩いても音が出ない。この草皷には、それを打って「真音」を出した者こそ鶏龍山に出現する新王であるとする言い伝えがあった。これを受けて、同じくシンドアンに本部を置いた上帝教(サンジェギョ)の幹部が、一九二八年五月四日に七星閣に安置している草皷を朝鮮の全宗教団体の教主に打たせて、真音を発した者が全朝鮮の宗教を統一する教主になる、という説を流布したという。すると、当日において、「草皷打鳴の儀」を見聞しようと全国から集まった群衆が二万五〇〇〇人もいて、シンドアンは文字通り人山を築くほどの大賑わいであった。だが、「草皷」は警察当局によって儀式の始まる前に楼台から引き下ろされ、警察に抑留されて焼却の処分を受けることとなった(『朝鮮の占卜と予言』)。

鶏龍山に集まった多くの流浪の民は、植民地支配の下での犠牲者たちであり、帰る故郷がなく根のない存在であった。それゆえ、予言成就に生きることの全てを託すのである。彼らが待ち望む鶏龍山に出現するという新王は、彼らの悲運の人生を転換してくれるいわば《救い主》であり、また、その魂の渇望が彼らの心の中に新王を出現させるのであろう。

そうならば、人びとにとって植民地支配は天変地異のように過酷な体験であったと理解できるだろう。少なくとも、王朝交替予言が植民地支配に合わせて変容しながらこの時期にも継承されていたことを確認することができる。

◈予言の背景にある終末思想

朝鮮で際だって厖大なエネルギーを発揮した土着文化として、民衆の終末思想をあげることができる。実は『鄭鑑録』予言の背景には朝鮮に特有な終末思想がある。ここでは植民地支配開始を前後する時期の終末思想を少し紹介しよう。なお、終末思想とは、世の終わりにおける事物についての教えや考えのことであり、仏教の末法思想や、ユダヤ教・キリスト教で説く神の審判や民の救済、そして神の国の到来のような教えが該当する。

朝鮮で終末思想の影響を受けた民衆が東学の異端教理によって動員され、大民衆反乱に至ったのが一八九四年の甲午農民戦争（東学農民運動）であった。その敗北の後、植民地支配に至る過程あるいは支配下において、この終末思想のエネルギーは消え去ることはなく、新たな展開を迎えていく。

たとえば、東学の後身である天道教は「地上天国」建設という理想を掲げたし、天道教への再編を主導した東学第三代教主・孫秉熙（ソンビョンヒ）は三・一運動を組織的に準備していった。新たな世の到来を意味する「地上天国」とは、東学・天道教の教理に沿いながら土着の終末思想を、民を貪る支配層や侵略してくる外国勢力に反抗する理想にまで高めた考え方で、「地上天国」の建設を目指すとは朝鮮で民族意識が形成される大きな一場面となった。つまり、求心力となった「地上天国」建設という理想も大きな要素のひとつとなって、朝鮮の人びとに同じ「民族」という意識が形成されていった。

次は朝鮮のキリスト教における終末思想の要素を紹介しよう。天道教だけでなく、キリスト教プロテスタントも三・一運動を組織的に担った。植民地化の過程でプロテスタントの信徒たちは捕囚のイスラエルの民と朝鮮民族を同一視し、人びとの終末思想を救い主による救済や、神の国の到来に結びつけていった。このことが、三・一運動で信徒たちを導き奮い立たせた内面的な要因であり、また、彼らの「神の国」信仰が独立と重なっていることがわかる。

このような受容のされ方の背景には、ネヴィアス方式という宣教政策がある。そして、それにもとづいてたとえば聖書がハングル訳されたことの意味は大きい。文字を解さない信徒がハングルを学んで聖書を読むという実態は、儒教倫理にもとづく漢字文化で構成されていた旧来の村落共同体の秩序とは別に、村落内に信者である農民層を中心にハングル文化が形成されたことを意味する。そして、同時にそれを担う信徒社会が形成されていったわけである。

こうしてプロテスタントは、従来の支配秩序を否定しながら新たな結社体、つまり教会を創り出すことができたといえる。そして、プロテスタントの信仰体系の中で、とくに終末思想を土台とする「神の国」信仰が民族意識の形成とかかわっていた。

◈調査資料『朝鮮の占卜と予言』

植民地政府である朝鮮総督府は、三・一運動で立ち上がった朝鮮民衆の精神世界を把握することが早急の課題となり、加えて民族主義運動や社会主義運動に参加する人びとの精神的土壌を解明する必要も生じてきた。そこで、総督府嘱託となった村山智順がその任務を任され、一九二六年〜四一年の期間に一連の調査資料を発表していく。表(二〇七頁)はその調査資料を整理したものである。その中には、『鄭鑑録』予言をひとつの章の中で調査・分析した『朝鮮の占卜と予言』(一九三三年)もある。その調査結果は王朝交替予言に警戒を呼びかけるものであるため、この調査資料をもう少し詳しく紹介しよう。

シリーズ「民間信仰第三部」は、本来は「朝鮮の巫卜」という題の予定であったが、分量が多くなったためか二分冊となり発行された。つまり、「巫覡(ふげき)信仰」と「占卜法」という二つの対象に分けられた。後者を対象とした調査資料の『朝鮮の占卜と予言』は、第一章から第一〇章まで「占卜法」に関係する内容となっており、最終の第一一章「図讖(としん)と予言」は後から付け足されたものである。なお、図讖とは未来の吉凶を予言した書物で、巫覡は神に仕えて祈禱や神おろしをする宗教者である。

二分冊の後者である「占卜法」を対象とする調査資料は、結果として『朝鮮の占卜と予言』という題に変更された。この名称の変更だけでも、調査の途中で新たに「予言」という項目が重要な対象として浮かび上がったことを予想させる。実際のところ、一一章からなる『朝鮮の占卜と予言』の最終章「図讖と予言」は全体の六分の一以上という量を占めている。目次からはこの章が単に付け足された印象を受けるが、『朝鮮の占卜と予言』の本来の調査目的とは別に、「予言」調査自体が重要な位置を占めるようになったことがわかる。

最終章「図讖と予言」の構成は、第一節「兆讖」、第二節「謡讖」、第三節「予言者」、第四節「予言書」、第五節「予言の表現と解釈」、第六節「予言の内容」となっている。最終章での村山の関心は、図讖や予言が国家にかかわるという点で一貫している。

章の冒頭部分で村山は、図讖と予言は国の興亡推移のような社会的な運命観という点で占卜とは異なる、と述べている。たとえば第一節「兆讖」には、国の興亡推移のような社会的な運命観を示す一一事例があげられていて、その内三事例が忠清南道の鶏龍山にかかわる「予言」の紹介である。

第一節にあげられた一一事例の最後は「鳴れば王出る藁太鼓」というもので、鶏龍山シンドアンでの「予言」に関係した事件の紹介である。文末には一九三三年に調査したことが記されている。『朝鮮の占卜と予言』はこの年の四月初めごろに発行されたので、同書の発行直前に警察当局（おそらくシンドアンが管区内にある忠清南道警察部）から入手した資料にもとづく記述とみてよい。

ここから、村山は「占卜」調査が「予言」の分野にまで展開する過程で、発行直前に『鄭鑑録』の

「予言」に接し、日本による植民地支配にかかわる重要な情報として大急ぎで調査資料に加えたことがわかる。最終章の他の項目でも発行直前の一九三三年三月調査と書かれている箇所がいくつかあるので、これらの項目も警察当局から提供された資料を急いで整理したものと判断できる。

日本の統治が念頭にある村山にとって、統治者として民情を知るため、ひいては治安面からも、日本の統治がどのように予言されているかが重要な関心事であった。事実、村山は第六節で『鄭鑑録』をさらに詳しく解説したうえで、ついには日本の支配にかかわる予言を分析することになる。

［表］村山智順による調査資料一覧

輯	発刊年	シリーズ名	書名
一六	一九二六		朝鮮の群衆
二〇	一九二七		朝鮮人の思想と性格
二五	一九二九	民間信仰第一部	朝鮮の鬼神
三一	一九三一	民間信仰第二部	朝鮮の風水
三六	一九三二	民間信仰第三部	朝鮮の巫覡
三七	一九三三	同右（二分冊のため）	朝鮮の占卜と予言
四二	一九三五		朝鮮の類似宗教
四四	一九三七	朝鮮の郷土神祀第一部	部落祭
四五	一九三八	朝鮮の郷土神祀第二部	釈奠・祈雨・安宅
四七	一九四一		朝鮮の郷土娯楽

村山による分析内容を要約すると次のようになる。朝鮮王朝の滅亡後、『鄭鑑録』予言によれば王都は鶏龍山、王は鄭氏となるはずである。ところが、都は遷らず、政治を司る者は朝鮮総督の寺内正毅であった。そのため、人びとは『鄭鑑録』予言を顧みなくなったのであるが、一九一九年に三・一運動が起こってからは、この機に乗じて独立気運の勃興に努めて権勢獲得の機会をうかがう者が朝鮮の内外で出現した。このような者たちによって民衆の間に日本の総督政治への疑惑と動揺が生みだされたため、再び『鄭鑑録』信仰を「利用」して民心をつかみ、権勢の拡張を企てる者が続出していく。そして、ついに鶏龍山が新都となるという『鄭鑑録』予言が朝鮮全土に普及することになり、鶏龍山にシンドアンという新興部落が出現するまでに至った。

この村山による分析は、三・一運動後に再び「利用」される『鄭鑑録』信仰とシンドアン出現への警戒を示しており、統治政策に資すべき判断材料として提供されたわけである。

◈植民地朝鮮で生まれた「類似宗教」という用語

村山が調査を進めるうえでの関心は、『朝鮮の占卜と予言』発行の直前に『鄭鑑録』信仰とシンドアン出現へと移行していた。そのため、朝鮮総督府の調査資料の対象の矛先は予言のさらなる核心部分へと進み、「類似宗教」解明の調査に結び付いていく(『朝鮮の類似宗教』)。この「類似宗教」とは偽宗教という意味ではなく、朝鮮総督府が「宗教」として公認されない団体の中に創り出した分類である。

先に、「類似宗教」という用語の意味と、それらの団体が統治政策の中でどのような位置に置かれていたのかについて簡単に説明しておこう。

明治期から敗戦に至る近代日本で、宗教的な活動をする団体にかかわる行政では、次のような三要素からなる枠組みが設けられていた。国家が「宗教」と認める公認団体（仏教、教派神道、キリスト教）と、「宗教」として認めない非公認団体、そしてその上に非宗教つまり「宗教」を超越した存在として、祭祀を行う公的な神社神道（これを国家神道という）が置かれた。このような非宗教とされた神社神道や、宗教団体に対する公認・非公認という区分が日本「内地」より植民地朝鮮に導入される。つまり、植民地朝鮮での宗教活動をする団体に対する枠組みは、もともとは「内地」において明治政府が築き上げた体制である。

朝鮮総督府内の担当部署は、神社神道は内政を司る内務局（局は「内地」の省に相当）、公認団体は宗教行政を担当する学務局、非公認団体は治安を担当する警務局であった。そして、朝鮮では公認された宗教団体の外に位置する国家神道および非公認団体が、それぞれナショナリズムと強く結び付いて対抗する関係へと展開する。国家神道のナショナリズムは、非宗教の神社神道・公認団体・非公認団体からなる体制において、神社は「宗教」でないとする建前で神社神道を通じた国民教化（天皇制国家の中で国民意識を作ること）が目指されたことで生じる。それゆえ、この体制を国家神道体制と呼ぶことができる。

また、神社神道が国民教化を担ったという点において、この国家神道体制は濃淡の差はあっても、「内地」のみならず植民地の各地域でも共通していたといえる。さらに朝鮮では、数多くの神社が建てられただけでなく、この体制の下で布教規則（一九一五年制定）という法律により「類似宗教」という分類まで生み出された。

では、具体的に「類似宗教」について説明しよう。公認団体と非公認団体という「内地」の枠組みとは異なり、治安的立場が前面に出てくる朝鮮では国家神道体制にも取締り状況が反映された。つまり、警察当局が担当する非公認団体が取締りを基準に二分されて、〈懐柔〉に位置する団体が法的に「宗教類似ノ団体」（「類似宗教」）として認められ、それ以外の〈取締り〉に位置する団体が秘密結社とされた。植民地朝鮮では治安重視の立場のため、存在を許されない秘密結社に対してより効果的に取締りを行ううえで、〈懐柔〉に位置する団体の存在が必要だったわけである。

したがって、宗教行政が管轄するか否かで公認宗教団体および非公認宗教団体に区別される大枠は「内地」から朝鮮に導入されたといえるが、朝鮮では治安重視の立場が前面に押し出されたため、「内地」とは異なり公認団体、「類似宗教」、秘密結社という三つの区別が設けられていた。そして、「類似宗教」は、宗教行政の所管内に取り込む意味での〈懐柔〉の対象となる非公認宗教団体を意味していた。

一方で、宗教活動をする団体の立場からすれば、植民地ゆえに朝鮮の非公認団体は、治安重視の厳しい取締り環境に置かれていた。秘密結社は宗教活動のためには結社に認められて存在を許されること、つまり「類似宗教」として認められることが大きな課題であった。

法律で「類似宗教」という分類が生み出されてからの「類似宗教」の取締りをみるなら、警察当局では三・一運動後において取締り方針に転換があり、一九三〇年代前半の時期まではあるが「類似宗教」に認められた団体が増加していることを確認できる。つまり、朝鮮総督府は「類似宗教」に対してもともと〈懐柔〉化方針を取っていたが、当初「類似宗教」に認められたのはまだ天道教など数団体に過ぎなかった。だが、一九一九年の三・一運動後において、総督府は〈懐柔〉化方針をさらに進めて対象となる団体を拡大し、一九三五年頃には「類似宗教」は七三団体(『朝鮮の類似宗教』に掲載された団体数による)にまで増えていた。しかしながら、次の項で説明するように、一九三五年の国体明徴声明の後は「類似宗教」への厳しい弾圧が開始される。

以上をまとめると、国家神道体制は植民地朝鮮に導入されたが、「類似宗教」という用語と考え方とは、ともに一九一五年制定の布教規則により朝鮮で生み出されたものであった。そして、参考までに紹介すれば、後に宗教団体法(一九三九年に公布)の制定を目指す文部省による非公認団体の〈懐柔〉化方針に沿って(一九二〇年代～三〇年代)、この「類似宗教」という用語と考え方は「内地」に逆輸入されていく。

◈王朝交替予言の受難

王朝交替予言への取締りを説明する前提として、先に植民地朝鮮でのナショナリズム(国民主義、国民意識)の状況を概観しておこう。

一九三二年の「満洲国」樹立以降、領土を拡大した帝国日本は、「五族協和」という理念で知られるように、日本人・漢人・朝鮮人・満洲人・蒙古人といった多民族を抱え込んだため、帝国内に日本人が頂点となり序列化されるナショナリズムを創り出すことが必要となった。これは多民族帝国主義的ナショナリズムとよばれ、一九三〇年代半ば以降に強力に打ち出されていく。

その一方で、三・一運動で形成され始めた朝鮮人の近代的な民族主義的ナショナリズムは、単一民族的な国民意識として理解できる。なぜなら、三・一運動に立ち上がった民衆のエネルギー源・求心力は「地上天国」に代表される終末思想であったからである。周知のように、東アジアにおいて近代的な「民族」という意識は国民国家の形成と深い関係がある。そして、三・一運動を組織的に準備した天道教の孫秉熙もまた、「地上天国」の実現に関しては単一民族的な国民国家を想定していたといわれている。単一民族的な国民国家という考え方は、当時の日本とも共通するが、単一の民族が国民となって近代国家が形成されるというものである。したがって、三・一運動の求心力となった「地上天国」建設という理想も大きな要素のひとつとなって、朝鮮の人びとに同じ「民族」という意識、つまり近代的な単一民族意識が形成されていったといえる。

この「地上天国」という終末思想は三・一運動後において、日本からの独立を想定した単一民族的な国民主義を形成する骨組みのような存在となる。たとえば、天道教は「地上天国」建設の理想を掲げて農民運動（一九二〇年代半ば〜三〇年代前半）を展開し、将来の独立を想定した単一民族主義的ナショナリズムの受け皿となった。

終末思想から発展した単一民族主義的ナショナリズムは、日本からの独立を志向する内容へと展開していったため、とくに一九三〇年代半ば以降に本国政府および朝鮮総督府が植え付けようとした国体論にもとづく多民族帝国主義的ナショナリズムと真っ向から対立することになる。そのため、民族主義的なナショナリズムを掲げる「類似宗教」団体は厳しい弾圧が加えられる。国体論とは、血統的に一系の天皇をいただく日本の国家体制の〈優秀性と永久性〉を強調するイデオロギーである。このような特別な国家体制についての宣言が一九三五年の国体明徴声明であり、天皇が統治権の主体であることが明示され、日本は天皇の統治する国家であると宣言された。それゆえ、これ以降は多民族を抱える帝国内で、日本人が頂点となり各民族が序列化されるナショナリズム、つまり多民族帝国主義的ナショナリズムが絶対的な価値をもち、これに対立する個々の民族の単一民族主義的ナショナリズムは否定されたため、それを掲げる「類似宗教」団体は受難の時を迎えていく。

奇しくも国体明徴声明と同じ年に、『朝鮮の類似宗教』が発表された。統治者である総督府の関心が王朝交替予言およびシンドアンへと移行する中で、調査対象もまた「類似宗教」団体へと移行したわけである。この『朝鮮の類似宗教』にまとめられた調査結果は、「類似宗教」の「解散」と「改宗」を促す内容であった。国体明徴声明という背景もあり、朝鮮総督府の治安当局では、国体に反抗する終末思想を帯びた「類似宗教」団体を「邪教」として危険視する認識で臨んでいく。

一九三八年に出された治安関係の資料によると、総督府の御膝下・京城がある京畿道における

「類似宗教」団体数は、一九三二年一二月末現在(以下各年とも同様)が二七団体、三三年が三一団体、三四年が二四団体、三五年が一九団体と、一九三〇年代前半には横ばいか少し減る傾向にあった。それが一九三六年にはいきなり五団体にまで減っていて、数字の上では一四団体が解散に追い込まれている。

その理由に関して同資料は、京畿道では「類似宗教」を「邪教」と呼びその徹底的取締りをしたと述べている。つまり、京畿道では一九三六年中に「類似宗教」団体の徹底的取締りが実施され、一九団体のうち一四団体が解散させられたということである。

この時期における取締りは、保安法第一条(結社の解散にかかわる)の規定にもとづき、解散に追い込むことが中心であったようである。そして、その翌年の一九三七年からは少し違った方向へと重点が移る。

一九三七年は弾圧の圧力がさらに増して、「類似宗教」団体に対する取締り方法が、「秘密布教」を洗い出すことへと重点が移っている。それは、某団体の殺人事件と地下潜伏の事実が発覚したことが直接のきっかけで、警察当局が「類似宗教」団体の布教活動自体を把握できていない実態に大きな衝撃を受けたためである。そこで警察当局では、把握できていない王朝交替予言にかかわる布教活動を「秘密布教」と呼ぶことにして、それに的を絞って取締りを強化することになる。

「秘密布教」への取締り強化は、発覚した事件には当該法令の適用による処罰をなし、さらには信徒・団体を「脱教」や解散へと追い込むという方法を取っている。この時期の治安当局は、「秘密布教」をおこなう「類似宗教」団体を特別に危険視して「秘密宗教類似団体」と名づけていた。

ここでこの「秘密布教」取締りに用いられた法令をみてみよう。王朝交替予言という終末思想の取締りに適用されたのは保安法第七条である。そこでは、「政治ニ関シ不穏ノ言論動作」、つまり政治にかかわる不穏な言動が禁じられ、違反すると重い刑罰を受けることが定められていた。

「秘密布教」への取締り強化で解散に追い込まれた団体として、金剛大道（クムガンデード）（植民地期の名称は「金剛道」）を簡単に紹介しよう。金剛大道は一九三七年に日本仏教（高野山金剛峯寺）への「改宗」を迫られ、それを拒否すると一九四一年に教団本部や信徒村が解体されて「解散」に追い込まれた。その間、第二代教主や幹部信者が大量検挙され、多数の者が拷問で獄死している。

一九三五年に日本で起こった第二次大本（おおもと）事件と同様のできごとが、朝鮮半島の宗教界に起こっていたわけである。同事件でも、新宗教団体である大本教の指導者・信者が検挙され、多くが拷問で獄死し、教団本部の破壊・建物撤去が行われた。

金剛大道では大量検挙の後も、保釈された教主が幹部に語った予言や歌舞の内容が保安法違反の証拠に捏造されるという弾圧があった。警察当局では証拠を捏造するために、予言と歌舞を『鄭鑑録』の影響を受けた内容に、つまり鄭氏の新王が現れて鶏龍山に新王朝を建設するという内容に歪曲（わいきょく）している。この歪曲された内容が、保安法第七条に記された政治にかかわる不穏な言動として認定されるという理由で、第二代教主が一九四五年一月に大田地方法院で有罪判決を言い渡された。そのため、教主は山中に身を潜めて日本からの解放の日まで困難な生活を送るという迫害の歩みで、金剛大道の過酷な受難史は締めくくられる。

◈おわりに

植民地朝鮮で多くの人びとが『鄭鑑録』の王朝交替予言を信じたことからわかるように、朝鮮では土着文化の終末思想が特徴的である。そして、この終末思想は三・一運動（一九一九年）以降に活発化し、日本からの独立を想定した近代的な民族主義的ナショナリズムへと発展していく。

王朝交替予言に従えば、天変地異が起こってから王朝は亡びるはずであったが、天変地異は起こらず日本による植民地支配が始まった。それにもかかわらず、王朝交替予言が植民地期にも継承されたという事実は、この時期に変容があったことを示している。

そこで、本章では王朝交替予言の影響を受けた人びとが、植民地支配を天変地異に代わるものとして認識していた可能性について検証してみた。もう少し具体的に述べるなら、この可能性を、新都になると予言された鶏龍山に新宗教団体が移住した実態や、この予言を危険視する植民地政府（朝鮮総督府）が弾圧を強めていった政策、そしてそれに屈せず抵抗を続けた新宗教団体の受難史を明らかにすることで検証することができた。

以上からいえることは、植民地支配の下で生きた人びとの中には、『鄭鑑録』予言を植民地支配に合わせて読み替えることで、予言が成就し、日本から独立して今の低い身分や困窮状態が覆されることを願った者も多かった。このような人びとの切実な願望は、日本の支配から解放されるときまで継続していたのである。

【参考文献】

青野正明「朝鮮総督府による朝鮮の「予言」調査――村山智順の調査資料を中心に」『桃山学院大学総合研究所紀要』三三―三、二〇〇八年

青野正明『帝国神道の形成――植民地朝鮮と国家神道の論理』岩波書店、二〇一五年

青野正明『植民地朝鮮の民族宗教――国家神道体制下の「類似宗教」論』法藏館、二〇一八年

天変地異は天子の責任か——康熙帝の地震観とヨーロッパの科学知識

辻　高広

◈はじめに

中国の歴代王朝とその頂点に君臨する皇帝にとって、天変地異は天子として地上の統治に失敗したときに下される、天からの譴責(けんせき)として認識されてきた。では、ヨーロッパから流入した西洋的科学観は、中国の伝統的天災観に対していかなる影響を与えたのであろうか。明朝の後を承けて中原を支配した満洲族による中国最後の王朝清において、第四代皇帝康熙帝（一六六一～一七二二年在位）はキリスト教宣教師を通じてヨーロッパの科学技術を積極的に学んだ人物である。伝統的王朝君主にして近代的科学観の積極的摂取者である康熙帝の地震に対する理解、対応を通じて、先にあげたような問題について考えてみたい。

◈災害と罪己詔

古代中国では、西周王朝（前一一世紀ころ〜前七七一年）のころより、最高神としての天から命（天命）を受けた天子が地上を統治するという理念ができあがり、王朝時代の終わりに至るまで連綿と受け継がれてきた。そのため、君主たる皇帝は天の地上における代行者として最上の権威を与えられると同時に、常に天からの監視と制約を受けざるを得なかったのである。

天は天子が徳を修めて善政を布けば、甘露や彩雲などの祥瑞で君主の治世を称揚する一方、酒色に溺れ悪政を行えば天変地異で君主に警告（天譴）を与えるとされる。漢代より始まったとされるこのような考え方（災異説）にしたがえば、災害の発生は君主やそれを補佐する臣下による為政にその原因がある。そのため、君主はその罪を認めて反省し、天に許しを請い、天子としての

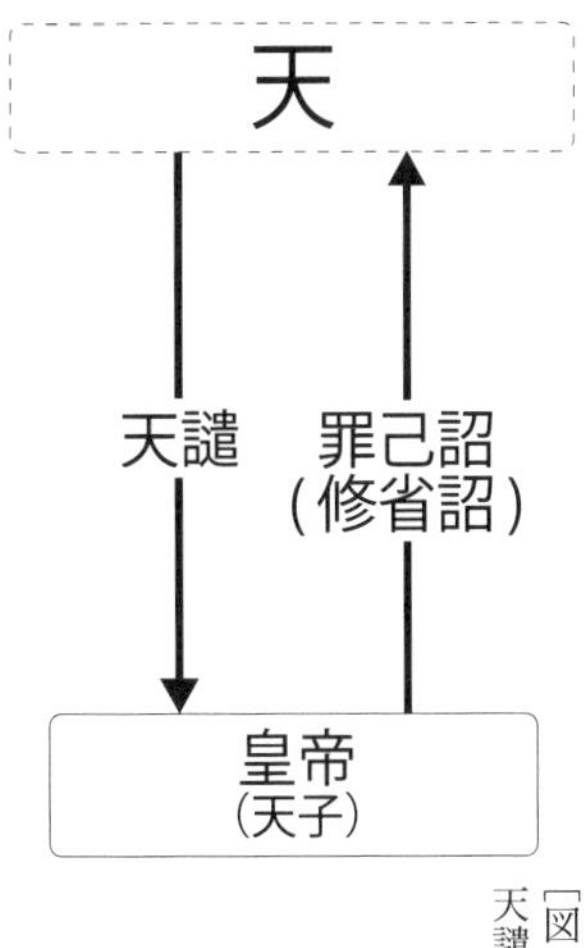

［図一］天譴と罪己詔

務めを果たすことを、天と天下に表明しなければならない（第一部「失政が天変地異を招く――儒教」参照）。そこで発せられるのが、罪己詔あるいは修省詔などとよばれるものである（図一）。「罪己」とは自らの罪を認めること、「修省」とは身を慎み、反省すること、「詔」とは皇帝の言葉、命令およびそれを記した文書をいう。

　このような天譴思想は、君主の恣意的な権力行使を制限するという点では有意義である。だが、災害は君主の政治が正しいか否かにかかわらず発生する。その意味で非常に曖昧なもので、曖昧なものにはそれを利用する者が現われる。そして、その矛先は天譴を直接受けるべき皇帝だけにむけられるのではなく、皇帝を補佐し、その職を代行する宰相、高官へもむけられる。

　左表に示したように、後漢順帝の陽嘉二年（一三三）に大尉龐参、司空王龔らがその地位を追われてより、漢代に限っても一六度、地震を原因とする高官罷免が行われた。この龐参の失脚にしても、実際には不仲であった洛陽令祝良が龐参を陥れるために天災にかこつけたのであり（『後漢書』龐参伝）、天譴思想はその当初から恣意性を含んでいた。なお、このとき失脚した王龔はのちに権力の座に返り咲いたものの、宦官張昉による専横を憎み、地震発生を利用してこれを排斥しようとしている（『後漢書』五行志四）。

　このように、天譴は当初より政敵を追い落とす口実としてもちいられ、皇帝も天に課せられたみずからの責任を回避するために、高官をいわばスケープゴートとしてさしだした。それを物語るかのように、地震の責任をとって高官が罷免されるとき、後漢時代の皇帝は罪己詔を発することをやめてしまう。いいかえれば、天譴は天子にではなく、その政治的代行者である宰相に下されたものとみなし、宰相の罷免によって天譴は避けられたと理解したのであろう（図二）。

No.	皇帝	地震発生年月	罪己詔発布の有無	高官の排斥	排斥された官員とその官職
1	宣帝	前70年	有		
2		前67年	有		
3	元帝	前48年	有		
4		前47年4月	有		
5		前47年9月	有		
6	成帝	前29年	有		
7		前13年	有		
8		前7年	有		
9	光武帝	46	有		
10	章帝	76	有		
11	安帝	121	有		
12	順帝	133	有	有	大尉龐参、司空王龔
13		134		有	司徒劉崎、司空孔扶
14		136	有	有	史官張衡
15		138		有	司徒黄尚
16	桓帝	147	有		
17		149	有		
18		152		有	司空黄瓊
19		154	有		
20		161		有	司空黄瓊
21		165		有	司空周景
22	霊帝	171		有	大尉劉寵、司空喬玄
23		173		有	司空楊賜
24		177		有	司空陳球
25		178		有	司空陳耽
26		179		有	司空袁逢
27	献帝	191		有	司空種拂、大尉趙謙
28		193		有	司空楊彪
29		194年1月		有	司空趙温
30		194年7月		有	太尉朱儁

［表］
漢代における罪己詔発布と官員の排斥
馮鋭「中国地震科学史研究」（『地震学報』31巻5期、2009年）をもとに作成。

しかし、発生した天災がいかに臣下によって恣意的に利用されようとも、天災の発生そのものは天の行いとして理解されたため、やはり天の叱責に対する回答は示されなければならなかった。宰相の罷免という責任回避ができないとき、つまり天譴が自らにむけられていることを否定しえなくなったとき、皇帝は罪己詔を発し、自らが民を慈しむ仁君であることを天と天下に表明する。しかし、目に見えない徳や仁といったものを明示的に示そうとすれば、それは必然的に恩赦や免税といったわかりやすい民への恩沢という形をとることとなる。

◈弘治帝の罪己詔

罪己詔の全容がわかる史料はあまり残されていないが、明の弘治帝（一四八七～一五〇五年在位）が清寧宮の火災に対して発布したものは、その全文が『明実録』に残されているので、これを一例として取り上げたい。

弘治帝は、天命を承けた皇帝として怠りなく務めを果たしているがいまだ万全ではないために、最近は災異が多発しており、清寧宮の火災はその最たるものであるとし、自らの不徳が天災を引き起こしたのだと認識する。そのうえで、その災異の原因は、刑罰や報賞が適当でなく、賦役が過重で民からの収奪が激しく、貧しい者が健やかな生活を送れていないなど、天意に沿わない失政の結果であるとする。一方で、皇帝たる自らは宮殿の奥深くにあって民の困苦を把握できていなかったとして、民と直接接する臣下とともに反省を示し、広く恩恵を及ぼすとして二八条目の施策を掲げる。これを対象ごとに分類すれば、民に恩恵を施すものは計一七、文武官に恩恵を施すものは計一五、行財政にかかわるものは計七ある（重複あり）。

このうち、民に対する恩恵としては期限を定めた恩赦や免税、災害による不作の結果、税を払えずに放棄された田地に対し、それを継承し、耕作する者への徴税額を軽減する政策などがある。文武官員に対するものは、降格処分の撤回や逃亡軍人が出頭した場合の赦免、財産没収処分の撤回などがあげられる。また、行財政にかかわるものには、冗長な法律の整理や、適材適所な

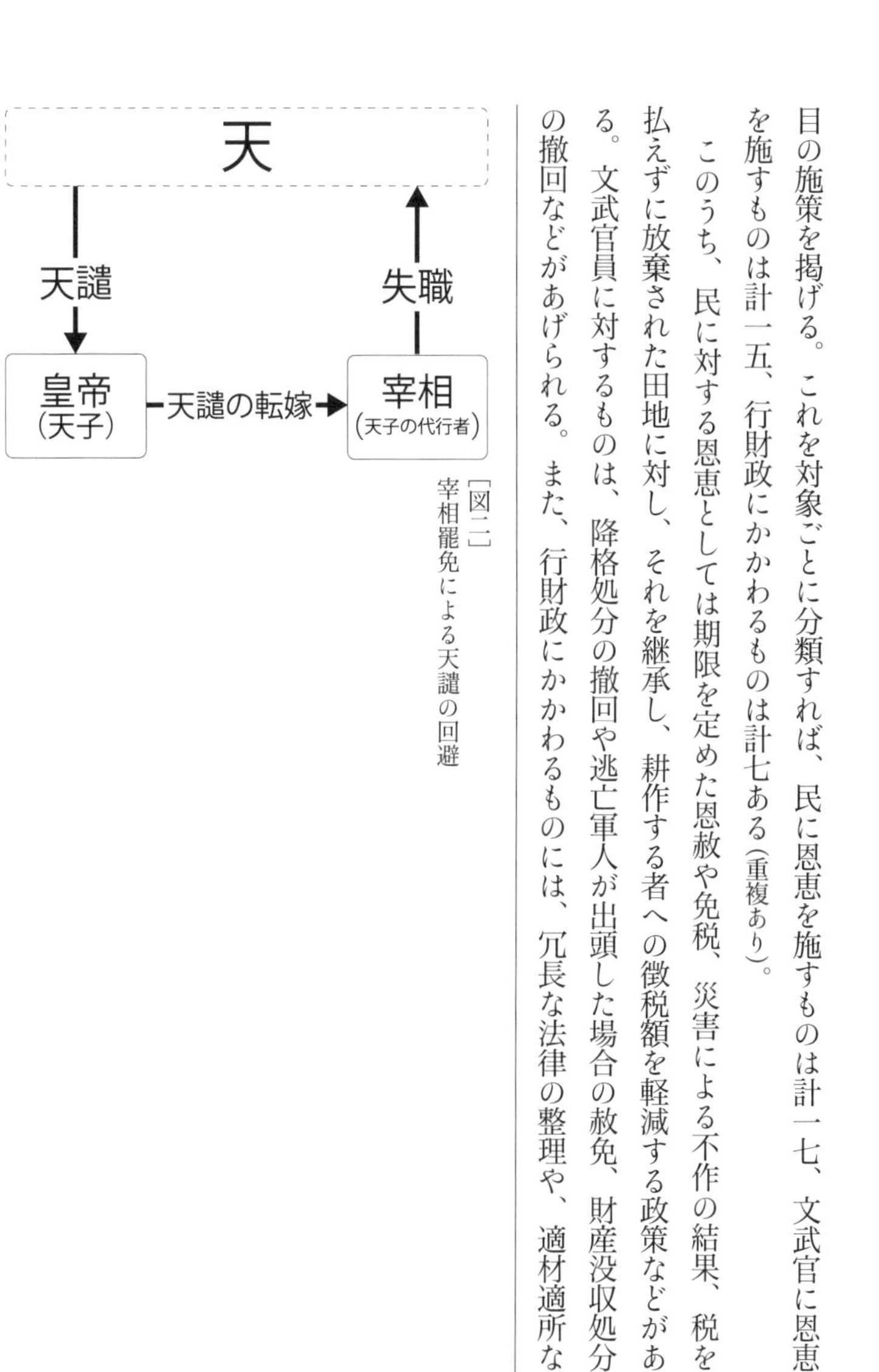

［図二］宰相罷免による天譴の回避

官員の登用などがある。税糧の軽減、免除は飢饉によって荒廃した農村への負担を軽減するものであり、徴税額の減少はその地域を担当する地方官の責任に転嫁されることが常であるから、彼らに対する処分の撤回も、地方統治の安定にとって直接的意味のあることである。

その一方で、地方官に対して貧民救済や市中に隠れた賢者をみつけ推薦するよう命じ、民に対し政治に対する意見を広く求めるといった施策も多く含まれるが、これは現在発生している問題に対し、それを解決するためというよりは、皇帝が天下万民に心を寄せていることを広く知らしめるための、パフォーマンス的な意味合いを強く感じさせる。

そもそもこのような罪己詔の発布自体が突発的、臨時的なものであり、法制改革や貧民救済策などについても中央、地方の各官僚にその検討と実施を求めるにすぎず、具体的な施策があげられているわけではない。いいかえれば、これは単に天子の責務を官僚に「丸投げ」したにすぎず、災異が収まった後も継続的に行なわれたかについては疑問を抱かざるを得ない。

このように、罪己詔は天災によって荒廃した人心をしずめ、天に対して民への仁政をアピールすることに重点がおかれた、いわば政治的セレモニーの一環ともいえるものであった。

◈康熙帝の修省詔 一 康熙四年の修省詔

一般に清朝は康熙帝、雍正帝(一七二二～一七三五年在位)、乾隆帝(一七三五～一七九五年在位)の時代に最盛期をむかえたとされ、この時代をその名をとって「康雍乾盛世」という。その端緒を築いた康熙帝は名君としてしられるが、その名君の時代にもやはり多くの天変地異が発生し、それに対して康熙帝はたびたび修省詔を発した。だが、その内容には他の時代、皇帝の罪己詔にはない特徴がみられる。歴代の皇帝が天災を天意に沿わなかった天子たる己の罪として、民への恩寵によって天の許しをひたすら請うのに対し、康熙帝の修省詔は、自らの罪なしとはしないものの、その罪とは臣下に対する統制が不十分だったことであり、ひたすら綱紀粛正の施策を天への贖罪として列挙する。つまり、形式として天子の責任を認めながら、これを政治の刷新の機会ととらえ、天災を利用する姿勢をしめすのである（そのためであろうか、康熙帝の発した詔は「罪己」といわず、一貫して「修省」と述べる）。以下、その三つの例を具体的にみていきたい。

康熙帝は先帝順治帝の崩御の後の一六六一年、わずか八歳で清朝皇帝として即位した。その四年後の康熙四年（一六六五）三月二日、北京近郊で地震が発生した。震源に近い通州の民家三分の一を倒壊させ、その城壁を破壊し、一キロメートル以上の亀裂を生じさせた。この未曾有の大災害を受けて康熙帝はすぐさま以下のような修省詔を発布した。

> 皇位を継いで以来、日夜治世に励んでいる。陰陽の安定と天下の安寧につとめているが、近ごろ星に変調があり、また地震が起こった。思うに、政（まつりごと）はまだよろしきを得ず、官吏の綱紀は乱れ、人びとの暮らしはよくならず、罪を犯す者は多く、無実の罪を受ける者があり、

天の和気が乱れ、異常な兆候が現われる。私は自ら反省し、恩赦を行うとともに、以下の施策を実施し、天下を一新する。

一、罪人への恩赦
二、文武官僚への降格処分猶予
三、免税
四、常平倉（じょうへいそう）にかかわる監察の強化と不正の禁止
五、兵丁の俸給を不正に留め置くことを禁止
六、兵馬の城内駐留禁止
七、免職処分を受けた官僚に対してさらに罪を問うことは禁止
八、刑は律に従って処すること
九、監獄への長期拘留禁止
一〇、罪人の顔への入れ墨の禁止
一一、反逆などの罪状であっても自首した者は免罪

（『大清詔令』巻五所収「星変地震修省詔」）

これをみれば、災害が自らの施政の不備とそれに対する天の譴責として発生したものと認め、天に反省の姿勢を示すという点において、歴代皇帝の罪己詔の形式を踏襲するものである。恩赦

や免税というわかりやすい善政を天下に示そうとする点においても同様である。しかし、康熙帝はただ天への恭順と民への恩沢によって天譴を和らげようとするのみでなく、具体的な施策によって現実の政治の乱れを正そうとする。

たとえば、四の施策について、常平倉とは豊作時に市価より高く買上げて備蓄し、凶作で穀物の供給量が減少した際に供出する公的設備である。これは物価安定と救済を目的とするものだが、明・清以前より官吏の不正によって機能不全に陥り、その存在は形骸化していた。康熙帝はこのような常平倉をめぐる官吏の不正を弾劾し、各地方の責任者に対し厳しく監察を行い、不正があれば取り締まるよう指示する。

また、九の施策について、当時は判決がでないまま牢獄に長期間にわたって拘留されることが常態化しており、また獄中で病気にかかり死亡する例もままみられた。中国王朝の司法制度においては、牢獄は犯罪者のみが繋がれるところではなく、無罪の証人であっても、地方官の指示により証拠隠滅を防ぐために牢獄に拘留されることもあった。そのため、地方の有力者などが利益の対立する相手を不当に訴え、役人と結託し、理由をつけて拘留期間を延長させるという事例が多々みられた。康熙帝はそれに対し、早期の審判と不必要な拘留の禁止を各地方官に言明したのである。このように康熙帝の修省詔は現実に発生している諸問題の具体的な対応にほかならず、その視線は天ではなく、地上の現実に向けられていたといえよう。

この修省詔が出されたのは康熙帝即位四年後である。まだまだ年少の皇帝は、至尊の地位にあるとはいえ、絶対的権力を確立していなかった。先帝順治帝はその臨終にあたって、幼少の皇子の補佐を索尼(ソニン)、鰲拜(オボイ)ら四人の輔政大臣に託した。彼らは利益を異にしながら、微妙なバランスのもとに政権を運営していたが、老齢の索尼が次第に鰲拜の専横を掣肘できないままに康熙六年(一六六七)に死去するとそのバランスは崩れ、鰲拜の専権体制が確立する。康熙帝が専横を極める鰲拜のもとで忍従の日々を送りながら、ついに鰲拜を排除しえたのは、大地震から四年後の康熙八年(一六六九)、かぞえ年で一六歳のことであった。

経験は浅いながらも英明な君主であった康熙帝にとって、現実の政治は専権をふるう権臣と官僚の腐敗によって乱れきったものとして映っていた。一方、即位まもなく、年若い康熙帝にとって、地震という災異は彼自身ではなく王朝の実権を握る輔政大臣にむけられたものと認識されただろう。皇帝の地位にありながら、官界の腐敗を傍観せざるをえなかった康熙帝にとって、おりからの天災は、「政治を刷新すべし」という天からの啓示と感じられたのかもしれない。

◈康熙帝の修省詔二　康熙一八年の修省詔

最初の修省詔より一四年後の康熙一八年(一六七九)、北京の東方で発生した地震は推定マグニチュード八に達し、北京でも多くの建物が倒壊し、皇宮でも養心殿・永寿宮はじめ多くの宮殿が損壊した。康熙帝は各部署に被災状況の調査や救済措置を指示する一方、在京の官僚を招集し口頭で思いを述べ、そのうえで修省詔を発した。その概略はおおよそ以下のとおりである。

口伝上諭

地震は天の警告であり、政治が天意に沿っていないことによる。私はその譴責を受けるべきであるが、おまえたちも責任を免れるものではない。だが、私は臣下に責任を押しつけるつもりはない。自ら身を謹み、災いが取り除かれることを願い、天譴の理由を熟慮して六つの原因をみいだした。臣下たちはそれにもとづいてごまかすことなく方策を立てよ。

宣読上諭

私は徳も知識も少なく、過ちも多い。この地震に恐れおののき反省している。私には対策としていくつかの考えがある。おまえたちも身を謹み国のため民のために意を尽くせ。そうすれば、国家にとってもよく、自身にも福があるだろう。小手先でごまかそうとするならば決して許さない。

一、官僚の汚職行為
二、清廉で品行の正しい者ではなく、自らの党派の者を推挙する
三、戦時の混乱に乗じた諸王、大臣、将軍配下の軍隊による略奪行為
四、地方民政における上意下達の欠如
五、監獄への長期拘留や冤罪
六、包衣家人（宗室の私的召使い）や諸王大臣の家人による民間への搾取

これらの原因はすべて共通である。つまり、大臣たちが清廉であれば地方の大官も法を曲げて私利を優先させることはなく、地方大官が清廉であればその配下の役人も身を慎むであろう。そうすれば一、二の不良役人がいたとしてもかならず改心し、民にとって大きな害となることはない。以上のような問題を私は以前から知らなかったわけではないが、今は「戦時」であるから常におまえたちに寛容な態度をとってきた。だが、天はしばしば警告を下されているので、私もみずからの本心を(天と天下に)明確に示さないわけにはいかない。厳しく訓戒を行い、ともに天意に答える方法を考えようではないか。どのような法を立て、何を厳禁すべきか、期限を定めてこれまで積み重なってきた問題を払拭せよ。

(『康熙起居注』巻八二所収「修省詔」)

ここで康熙帝は前回の詔と違い、自らの責任とともに臣下も天災をまねいた責があることを明確に指摘している。また、天譴をもたらした六つの原因は中央、地方の軍・官による汚職や民間への搾取など、いずれも罪を臣下に帰すものであり、より現実の政治刷新に眼目がおかれているることがみてとれる。つまり、康熙帝の理解において、天譴をもたらした直接的原因は臣下たちの風紀の乱れにあり、それを正しえなかったことこそが天子としての不徳と認識していた。事実、この修省詔よりひと月後の八月には官員処分条例を制定し、官僚への締め付けを強化している。

ところで、このときの地震発生後の対応に関して、康熙帝と臣下との生々しいやりとりが残っている。康熙帝は地震発生当日、大学士明珠・左都御史魏象枢らを乾清宮に集め、地震の善後策を講じた。その際、康熙帝は地震が自らの行いの問題であるとともに、臣下たちの不正な行いと、その不正を弾劾すべき科道官たちがその役目を果たさず、天意に背いたために発生したのだとする。そこで康熙帝は彼らに対し「おまえたちは登用されて以来、その家産を増やすだけで、まったく国に尽くそうという心がない」とまで痛烈に批判し、以後、うやむやにしたりかばったりすることなく、証拠があれば弾劾するよう申し渡している（『康熙起居注』）。

このような康熙帝の厳命を受けて、魏象枢らは明珠の目を盗んでひそかに皇帝に面会を求め、「地上の現象は臣下の行いに原因があり、そのために地は不安定となるのであり、臣下を罰して天変に対応すべきです」と述べ、当時権勢をほこった大学士索額図と明珠とが権力をかさにほしいままにふるまっていることを涙ながらに訴えた。それに対して皇帝は「修省はまず私から始めなければならない」と述べ、両名の排斥こそ認めなかったものの、その翌日には廷臣たちを招集し、先にみた修省詔を発布した。天譴をまねいた官界の腐敗に対して、具体名こそあげなかったものの、当時の人びとはこれが魏象枢の弾劾を受けて康熙帝が索額図、明珠に譴責を与えたものとみなしたという（『清史稿』巻二六三、魏象枢伝、巻二六九、索額図伝）。

鰲拝失脚後、その排斥に功のあった索額図と、清朝建国以来の名門出身で、康熙帝即位時からの側近の明珠とが権力の首座を占めていた。彼らはそれぞれに党派を組んで権力闘争にあけくれ、とくに傲慢で強権的な索額図に対しては、官界から怨嗟の声がわきあがっていた。そのため、このときは失脚を免れた両名も次第に康熙帝の寵愛を失い、失脚していくこととなった。

このような修省詔発布をめぐる皇帝と臣下とのやりとりからみてとれるのは、後漢時代の事例と同じく、廷臣のなかには地震という天災を好機ととらえ、権臣を失脚させるために利用しようとする動きがあったことである。一方、修省は天子たる自分から先に行うべきと述べるように、官界の頂点にある内閣大学士も、すでに天子の代行者ではなく、皇帝に使役され、皇帝に対して責任をはたすべき存在であった。そうである以上、天譴は天子たる皇帝が一身に受け止めねばならない。ここにおいて皇帝は天の譴責に答えるために、天子の使用人たる臣下たちに譴責を加え、その責任を果たすことを求めた(図三)。

では、二度目の修省詔を発布した当時の康熙帝をめぐる国内情勢はいかなるものだっただろうか。鰲拝を排除して親政を開始した康熙帝ではあったが、なおも多くの問題が山積していた。そして、その最大のものが台湾の鄭氏政権と華南の三藩であった。

台湾は明・清の交替期まで山地を中心に原住民が居住する未開発の状態であったが、オランダ人が台湾南部に商館を築いて東アジア貿易の拠点とし、台湾開発をすすめていった。海商鄭芝龍(ていしりゅう)と日本人の母との間に生まれた息子の鄭成功は、父の勢力を引き継いで明朝の亡命政権(南明政権)を助け、南明政権の崩壊後はオランダの勢力を台湾から排除し、ここを拠点としてたびたび大陸へと侵攻していた。鄭成功は康熙元年(一六六二)に死去したが、その一族はなお反清活動を継続していた。

一方、華南地域において康熙帝を悩ませたのは、漢民族王朝である明を裏切り、満洲族の清に臣従した漢人武将たちであった。なかでも呉三桂、尚可喜、耿継茂の三名は清朝が明の領域を征服する過程で大きな役割を果たしたために、清朝もその勢力を無視することはできなくなっていった。結果として明朝征服後、彼ら三名は中国南方の雲南（平西藩）、広東（平南藩）、福建（靖南藩）を独立的に統治することとなった。康熙帝はこの三藩の撤廃をはかるが、それを察した呉三桂は康熙一二年（一六七三）、「反清復明」（清に反旗を翻し、明を復興する）を掲げ、他の二藩とともに挙兵した。これを三藩の乱といい、台湾鄭氏も三藩に呼応して、清朝の西・南部をおおう大反乱へと発展した。康熙帝が修省詔において「戦時」と述べたのはこれをさす。

呉三桂は、西南国境との貿易や鉱山開発によって豊かな財政基盤をもち、その軍勢は最盛期に

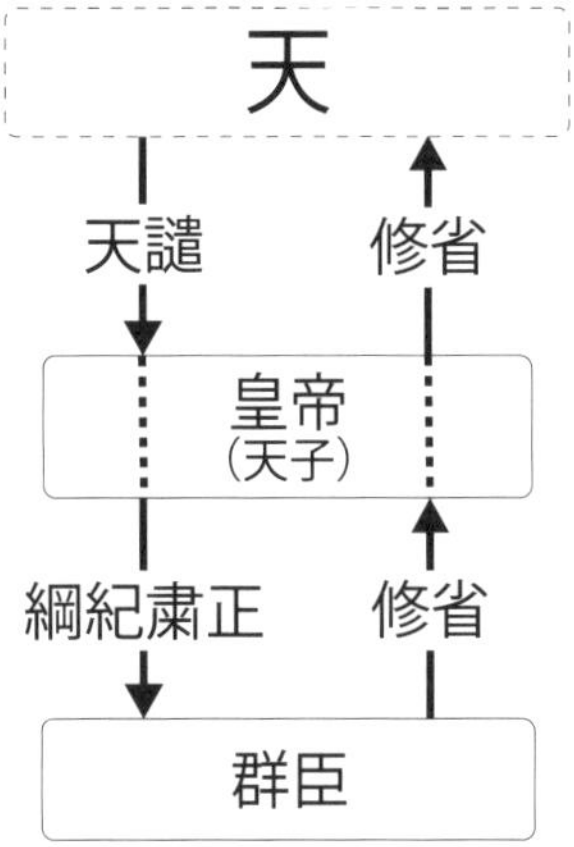

天
天譴
修省
皇帝
（天子）
綱紀粛正
修省
群臣

［図三］康熙帝の修省

は長江流域にまでおよんだ。だが、ひとたび清朝に帰順して王位を得ながら、不利になれば再び反清復明を唱える三藩に対して、漢民族の支持も広がらず、次第に勢いは停滞していった。弱冠二三歳の青年皇帝である康熙帝も、この難局に清軍の総力をあげて果断に対処したため、形勢は次第に清朝へと傾き、康熙二〇年(一六八一)に三藩の乱は終結した。康熙二二年(一六八三)には鄭氏政権も降伏し、足かけ一〇年におよぶ清朝の軍事的動乱は終焉を迎えたのである。

以上のように、二度目の修省詔が発布された当時は、三藩の乱の収束期にあたる。戦時にあって厳格な綱紀粛正を行えば、文武官僚の離反をまねくおそれがあり、大反乱がようやく終息の兆しをみせ、皇帝としての権力基盤も安定していくなか、大地震をきっかけとし、満を持して官界の清浄化にのりだしたのである。

◈康熙帝の修省詔 三　康熙二六年の修省詔

強気の康熙帝も、康熙二六年(一六八七)の天候不良に対して発した修省詔では、若干違った姿勢を示す。

私は天下を統御し日夜怠らず民生に力を注いでいる。しかし、昨今は不作により民食に不足が出ており、この夏も干ばつに大風が発生しているが、これは民政に問題があるのか、土木事業が民を苦しめているためか。私は身を謹み刑獄を整え、過ちを正した結果、やや雨は降り始めたが、なお十分なものではない。これは私の不徳のいたすところである。そこでとくに仁政を施す。

一、官僚に対して公事における過失による降級を免じる
二、罰俸処分を受けた者を元に戻す
三、旧来と同様、八旗を漢人と同じく採用する
四、無用の土木を停止
五、八旗に対する恩給を増額
六、恩赦
七、各省に犯罪者の立件を一時停止させる
八、自首した逃亡犯の赦免
九、飢餓を理由とする強盗犯の赦免
一〇、収監者の釈放
一一、停止していた開銷の再開
一二、未納税者への免除
一三、銭糧の横領を摘発された者の家産没収処分を免ずる
一四、康熙一三年以降に増加した雑税を免除
一五、康熙一八年処分条例の見直し

天譴の責を臣下たちに転嫁した康煕一八年詔の官員に対する強気な姿勢と綱紀粛正の態度と比較すると、その文面からは臣下たちに対する批判の言葉はなりをひそめ、康煕帝自身の政治に対する迷いが全面に現れている。また、その施策をみれば、免税や恩赦など、民に対する善政の実施もみられるが、これまで批判し統制を強化しようとしてきた官員や八旗に対する優遇措置も多くみられ、彼らを懐柔しようとする姿勢がみえかくれする。

一六、犯罪者への虐待禁止

（『大清詔令』巻七所収「修省詔」）

では、この時期の康煕帝がおかれていた政治的状況とはいかなるものだったのであろうか。三藩の乱を平定し台湾鄭氏も帰順して、名実ともに中原（ちゅうげん）の覇者となった康煕帝ではあるが、北方にはなお難敵が存在した。清朝支配領域の西北辺に位置するモンゴル系のジュンガル部である。一七世紀の初めころから勢力を拡大しはじめたジュンガルは、次第に清朝の勢力圏を侵し、長期にわたる抗争に突入していた。第三の修省詔が出された三年後の康煕二九年（一六九〇）には、ジュンガル軍がモンゴル高原をはるかに東征し、ウラーン・ブトン（現在の内モンゴル赤峰市）で清軍と激突している。この戦いは結局決着をみないままであったが、首都北京からも遠くはないこの地にまで侵攻を許したことは、康煕帝の心胆を寒からしめたであろう。その後もジュンガルとの大小の衝突は続き、最終的に決着をみるのは康煕帝の孫にあたる乾隆帝の時代であり、この終わりのみえない戦争に対し、絶対君主たる康煕帝の自信も揺らいでいたであろうことは想像に難くない。

以上、康熙帝の修省詔からは、天下に臨む君主としてのその時代ごとの自信や心のゆらぎがよみとれる。一方、天災を口実として利用し、必要に応じて官僚勢力の伸長を抑え、また恩寵を与えることで文武官員を懐柔しようとするしたたかさもよみとれる。このような現実主義的な康熙帝の意識に大きな影響を与えたのは、ヨーロッパから来訪したキリスト教宣教師と、かれらがもたらしたヨーロッパの科学知識であった。

◈ロンゴバルディの『地震解』

明末以降、中国には多くの宣教師が訪れた。彼らの本来の目的は当地の民にキリスト教を広めることであったが、天と天子を絶対とする中国的価値観とは相容れず、成功には至らなかった。しかし、キリスト教の布教に否定的であった歴代の皇帝も、政府の統制に従う限りにおいて、宣教師たちが都に居住することを許可し、彼らが宮廷に仕えることを許した。彼らが有するヨーロッパの科学的知識を求めたからである。中国伝道に一縷（いちる）の望みをつなぐ宣教師たちは、都に留まって天文を司る欽天監（きんてんかん）などに官職を得、ヨーロッパ書籍の漢訳などを通じて中国への知識移入に貢献した。なかでも地震知識に関してはニコロ・ロンゴバルディ（中国名は龍華民。一五六五～一六五五年、一五九七～一六五四年在華）の著わした『地震解』が注目される。おそらくは中国士大夫の補助を受けながらであろう、漢文で記された地震の解説書で、地震の発生原因から、発生しやすい地域とそうでない地域、時期など、地震の発生に関して包括的かつ体系的に論じている。その理論を一言であらわせば、それは「地震気動説」といえるものである。大地は太陽の熱や火山活動などによる熱が加わると「気」が発生し、これが大地に凝縮して蓄積されると地を震わせる、つまりは地震が発生するというのである。

　このような地震気動説は、一見荒唐無稽に思われるが、地球の表面がいくつかのプレートに覆われ、そのずれによって地震が生ずるとするプレートテクトニクス説が理論化され、定説となったのは二〇世紀にはいってからのことである。それまでは地中の大亀やナマズが体をふるわせると発生するというような原始的な地震説から、硝石・硫黄などによって発生したガスの爆発を原因とする説など、さまざまな理論が構築されては否定されてきた。そのなかで、地震気動説はヨーロッパで定説として長く信じられてきたものである。

　たとえばなぜ地震に震度の差が生じるのかについては、大地の疎密、気の大小などによって論じる。粗く乾いた土にはすきまが多く、気を含みやすいので地震が発生しやすく、密度の高い土は気を含みにくく地震が発生しにくいとする。また、地域ごとの地震発生頻度について、南北両極地域は非常に寒冷で気が発生しにくいため、地震が発生しにくく、シチリア島などの海島は四周の海中に硝石・硫黄が含まれるため、その作用によって熱気が生じて地震が発生しやすいとする。これをみれば、その説の当否はともかく、この説がある程度実証的に論じられたものであることがわかる。

　ロンゴバルディの出身母体であるイエズス会は、宣教における教育の重要性をとなえ、多くの学校を建設して教育カリキュラムを整えた。そこでは修辞学や言語学とともに古代ギリシャの哲学者、科学者であるアリストテレス（前三八四〜前三二二年）の著作を基礎とした自然哲学が学ばれた。ロンゴバルディの『地震解』も、実は彼が独自に著わしたものではなく、宣教師が学んだポルトガルのコインブラ大学で作成されたアリストテレス『気象論』注釈書をもとに編まれたものである。しかし、同書には宣教師であるロンゴバルディならではの観点もみられる。末尾の一章「地震の諸徴」がそれである。

ここにいう「諸徴」とは地震の「前兆」ではなく、「神の御徴（みしるし）」のことをいう。地震によって大地が裂け、城がのみこまれ、新たな河川や湖が生まれる。地震の発生はまさに人智を超えた天変地異である。この天変地異こそ日々の些事（さじ）におわれて本質を見失った人びとの心に懼（おそ）れを抱かせ、己を戒めさせ善へといざなう主（しゅ）の御業（みわざ）であることが、ここでは強調される。このような考えは、理論的に論じられたそれまでの箇所と比べて、極めて非科学的に感じられる。しかし、現実に発生する地震現象そのものは気という理論によって説明できるが、その気の発生そのものには人智を超えた神の御心（みこころ）があるという宗教的姿勢とその宣伝こそが、彼がこの書を著わした真の目的であった。

このようなアリストテレス的自然観と信仰との折衷は、中世ヨーロッパより連綿と受け継がれてきたスコラ学の系譜を継ぐものである。火・空気・水・土という四元素によって地上のあらゆる物質が構成され、法則的に変化すると考えるアリストテレス学派は、ある意味で神の絶対性を否定するものである。だが、四世紀ころからはじまったゲルマン民族の侵入や、六世紀に東ローマ帝国が異教の学問としたことで、キリスト教世界では衰退していった。ところが、その学問はイスラムのヨーロッパ進出とともにアラビア語翻訳され、イスラム世界で保存され、一二世紀以降、ヨーロッパ世界に逆輸入された。当時のヨーロッパでは信仰から理性を独立させ、理性的考察によりカトリックの教義を理解しようとするスコラ学が興っていた。そのなかでアリストテレスの諸学問が神学を体系化する基本理論として学ばれたのである。

スコラ学は一三世紀に隆盛を迎え、一四世紀ルネサンス期に次第に衰えはじめ、一五世紀後半以降一七世紀にかけての信仰から独立した近代科学の萌芽によって終焉を迎えることとなる。コペルニクスの地動説に代表される近代科学は、ヨーロッパでのカトリック教会の権威を必然的に低下させた。その結果、カトリックは信仰の拡大を、新世界やアジアへの伝教に求めた。

長きにわたり築き上げられてきた信仰と理論が折衷された「前近代」的なスコラ学的地震理論は、「近代」の到来とともにヨーロッパでは衰退していった。その同時代に、ロンゴバルディというひとりの伝教者が、宗教的熱意に支えられて『地震解』を執筆し、スコラ的理論がかえってヨーロッパの先進的な「近代」的知識として中国へと伝承された。これはこの時代にきわめて特有の現象である。

◈康熙帝の地震論

康熙帝は政務に勤勉で学問を好んだ皇帝として知られる。彼は儒学などの中国伝統学問だけではなく、イエズス会宣教師から数学、天文学などを学んだことが、宣教師の残した書簡より知られている。彼は地震のメカニズムについても深く関心を寄せ、七〇年近いその生涯の晩年に、「地震」と題する一篇の論文を著わした（『康熙御製文集』巻二一〇）。

それによれば、地震が発生する原因はひとえに「気」の作用によるもので、地中に存在する気が諸条件により鬱積（うっせき）して暴発するとき、大地を揺らし、地震を引き起こすのだという。また、地震の発生原因、地震の震度の強弱や発生頻度に地域差があることも、すべて「気」が土壌に及ぼす作用として説明する。

これは一見、ロンゴバルディの、ひいてはヨーロッパにおける地震論と共通するものであり、康熙帝が宣教師たちのもたらした地震知識をそのまま踏襲したものと思われるだろう。だが、康熙帝は気と地震との関係を説明する際、アリストテレス的地震気動論を引用しておらず、「気」という概念をあくまでも中国的な観念から説明する。

たとえば、康熙帝は地震が気によって発生するという根拠として、程頤（ていい）（一〇三三～一一〇七年）の「地動とはつまり気動である」（『程氏遺書』）という一節をあげる。程頤は万物を根本原理である「理」と、万物を生動させる陰陽の「気」という物質から成り立つと考えていた。それを継承した朱熹（しゅき）（一一三〇～一二〇〇年）によって完成された「理気二元論」は、明・清時代の儒学において宋学

（朱子学）の根本理論とされた。康熙帝が地震の発生について説明するとき、たびたび陰陽の変化を述べることからも、康熙帝の地震論の根底にこの理気二元論があったことは明白である。つまり、同じ「気」という語を用いてはいるが、康熙帝の地震気動論とヨーロッパのそれとを同一視することはできない。

しかし、康熙帝の地震気動論は単に理気二元論の引き写しでもない。たとえば、彼は「陰陽が近づいて下面で動いたとき、それが深ければ揺れがわずかであっても揺れは広範囲におよび、浅ければ揺れは大きくても及ぶ範囲は近距離にとどまる」と述べる。また、「（地震のときに）泉が湧き水が溢れ出すのは、すべて地中にあるものが、気にしたがって出てくるだけである」とも述べる。宋学的な「気」は大地を形作る元素であるのに対し、康熙帝の理解する「気」とは、地中にあって大地を揺るがすものであり、その理解は似て非なるものである（図四）。そこには西洋学術の影響をうかがうことができる。

もちろん、康熙帝がヨーロッパの地震気動論を学んだことはおそらくまちがいない。康熙帝の時代にはイエズス会宣教師フェルビースト（中国名は南懐仁。一六二三～八八年、一六五八～八八年在華）が欽天監正として朝廷に仕え、また学問の師として康熙帝にヨーロッパの学術を教授していた。フェルビーストには『坤輿図説（こんよずせつ）』と題する地質学の解説書があるが、そこにはロンゴバルディ『地震解』やヴァニョーニ（中国名は高一志。一五六八～一六四〇年、一六〇五～四〇年在華）の『空際格致』を継承した地震論が記されている。

一方、康熙帝が自身の「地震」論文において、震源地とその周辺との被害の差から、震動が震源地より四周へ伝播していくことを指摘するが、フェルビーストらの著述にはその言及はない。また、フェルビーストは熱気が膨張して地震を引き起こすとし、地震と気温との関係に言及するが、康熙帝はその説を採らない。ここからは、康熙帝が宋学的な中国伝統学術の基礎の上に、ヨーロッパ的な実証にもとづく「近代」科学知識を身につけ、さらにそれを自らのものとして応用、発展させ、その成果として彼独自の地震論を構築したものと理解できる。

〔図四〕ヨーロッパの地震気動論・理気二元論・康熙帝の地震気動論

ヨーロッパの地震気動論（上）
…熱により膨張した気が大地と衝突し、地震発生
宋学的な理気二元論（中）
…陰陽の気が結合して大地を形成
康熙帝の地震気動論（下）
…膨張した陰陽の気が大地と衝突し、地震発生

◈おわりに

天変地異とは予測の難しいものである。とくに地震は、科学が発展し、その発生メカニズムがおおよそ解明された現代においてもなお、確度の高い予知、予測は不可能とされる。したがって、多くの現代人にとって地震は避けられない、予測できないと受け止められ、地震をだれかの責任とすることなく、発生後の復興こそが政府の果たすべき役割と認識される。

しかし、科学の未発達な王朝時代の中国においては、天変地異は天子の営為によって回避できるととらえられた。そのために皇帝はその発生に責任を負わねばならず、天変地異を発生させない者こそが天子たる資格をもつとされた。つまりは「天災を発生させないこと」こそ権力の正当性を示すものだった。だが、いかに名君の治世であろうと天変地異の発生は不可避である。そのため、災害が発生し、権力の正当性に疑義が生じた際には、罪己詔（修正詔）を発して、その正当性を再び証明しなければならなかった。

康熙帝の「地震」論文からは、康熙帝が地震の発生メカニズムを、論理的に把握しようとしていたことがうかがえる。それは単に宋学の受け売りでも、ヨーロッパ科学知識の無批判な受容でもなく、自ら学んできた学術的な基礎の上に、新たな新知識を加え、総合的に折衷して真理に近づこうとするものであった。このような理性的思考の前には、天などという概念はもはや荒唐無稽なものとしてとらえられてもよいように思われる。

だが、康熙帝の修省詔からは、天変地異をその時期ごとにおかれた状況に対する天からの示喚ととらえ、ゆらぐ心境がみてとれる。その意味では、康熙帝にとって天とは絶対的な存在であった。しかし、すでに合理的精神を習得した康熙帝にとって、天譴に対する回答とはもはや無意味なセレモニーを実行することではなく、明確に天譴がもたらされた原因を把握し、その根本的解決をはかることであった。

論理的理解をつきつめた結果として天という絶対的な存在を肯定するという点において、康熙帝に中世スコラ学的要素をみいだすことも可能であろう。しかし、注目したいのは、康熙帝の思想がいかなるものであれ、彼は大地震という災害を前に、官僚をスケープゴートにすることや、民への恩沢といったパフォーマンスによって自らの責任を放棄することなく、政治の刷新につとめ、治世の安定をはかろうとしたことである。これは現代にも通じる為政者のあるべき姿勢といえるのではないだろうか。

【参考文献】

リチャード・E・ルーベンスタイン／小沢千重子訳『中世の覚醒――アリストテレス再発見から知の革命へ』筑摩書房、二〇一八年
ロバート・テンプル／牛山輝代訳『図説・中国の科学と文明（改訂新版）』河出書房新社、二〇〇八年
辻高広「康熙帝の地震論とフェルビーストの地震論――清初における東西学術交流の一側面」『桃山学院大学総合研究所紀要』四四―三、二〇一九年

コラム

インドネシアの外来者　ジョヨボヨの予言

青山　亨

インドネシアのジャワ島には、古来、多くの外来者が海を越えて訪れ、ヒンドゥー教、仏教、イスラームなどの宗教が持ち込まれる一方で、オランダの植民地支配や日本の軍事侵攻もあった。望まれない外来者に対抗する言説として、人口に膾炙(かいしゃ)したのがジョヨボヨの予言である。

ジョヨボヨの名は一二世紀の東ジャワに実在したジャヤバヤ王に由来するが、一九世紀、ジャワがオランダの植民地支配に入った時代には、その名は予言書の作者として広まっていた。「正義王」の到来が予言され、その先触れとして、灰の雨、地震、稲光、雷鳴、豪雨、暴風、日食や月食といった天変地異が起こるとされた。実際、一八二二年には中部ジャワのムラピ山が噴火しており、予言の成就はジャワ人に固く信じられていた。

予言は固定したひとつのテキストではなく、時代とともに変化していく。「ジョヨボヨ」はいわば予言のブランド名であった。一九世紀末にはオスマン朝のスルタンが白人の支配者を放逐(ほうちく)するという予言が流布した。この語りの構図には外来者のもつ禍福の二面性が表れている。

二〇世紀には第二次世界大戦の勃発直後に新たな予言が流布した。いわく、白人に支配されるジャワは「黄色い肌の人たち」によって奪われるが、その支配は稲が七回熟すまで（二期作であれば三年半になる）で終わり、再び白人によって三回の雨季の間、支配された後、解放されるであろう。ジャワを占領した日本軍はこの予言を宣伝工作に利用したというが、後半部の取り扱いには苦慮したに違いない。

座談会

天変地異はどう語られてきたか？

——天変地異の両義性

二〇一九年三月二日（於 愛媛大学小会議室）

メンバー（登場順）

串田（くしだ）久治（ひさはる）（中国思想史・儒教）
深見（ふかみ）純生（すみお）（ジャワ地域研究）
青野（あおの）正明（まさあき）（朝鮮近代史）
細井（ほそい）浩志（ひろし）（日本古代史）
青山（あおやま）亨（とおる）（インドネシア研究）
邢（シン）東風（トンフォン）（中国思想史・仏教）
佐々（さっさ）充昭（みつあき）（朝鮮宗教史）
一色（いっしき）哲（あき）（日本・南島キリスト教）
辻（つじ）高広（たかひろ）（中国近代史）

◈研究会のきっかけ

串田　座談会を始めるにあたって、これまでの経緯を簡単に振りかえりたいと思います。最初のきっかけは、二〇〇四年に桃山学院大学に赴任しまして、「新任は研究発表することになっている」といわれて、「中国古代の予言」の話をしたところ……。

深見　そうそう、「インドネシアにも似たような話がある」てなことをいったんです。そこに、青野さんからも意見が出て……。

青野　私はすぐに韓国の『鄭鑑録(ていかんろく)』を思い出して、それがきっかけで、「ちょっと三人で勉強会でもしましょう」という話になりました。

串田　で、お二人から桃山学院大学に共同研究という制度があるとお聞きして、申請しましょうということになりまして、「三人だけでやるのも寂しいし、せっかくだったらもう少し幅広く」というので、青山さん、シンさん、佐々さん、それから細井さんの七人でスタートしました。

青野　それが二〇〇五年。一期三年ということで、今が五期目です。

深見　まあ、予算が少ないですから細々とですけれども、それでも一五年続けて一つのテーマで研究会を続けて来たというのは……。

細井　これって、ある意味、驚異的ですよ。自画自賛みたいですが（笑）。

青山　そうですね。年に二回程度の研究会でしたが、地域ごとにびっくりするような共通点や相違点があることがわかって、有意義でした。

シン 私は二〇〇〇年に愛媛大学に赴任したのですが、その翌年に芸予（げいよ）地震があって、天変地異の怖さを実感しました。阪神・淡路大震災のときは中国でしたが、中国でも連日テレビをみていたので、ホントに怖かったです。今でもよく思いだします。

青野 地震だけでなくて、大型台風やゲリラ豪雨、火山の噴火もあって、まさに天変地異を痛感しながら、この研究会をしていたわけで……。

佐々 その間に東日本大震災や熊本地震があって、現地にも調査に行き、天変地異がもたらす悲惨な現実に直面しました。

シン 私もこの研究会がきっかけで、天変地異の現実に目を向けることができました。とくに東日本大震災は非常にショックでした。

◈天変地異の両義性

串田 研究会ではさまざまな問題点が指摘されましたが、ついつい天変地異がもたらすマイナス面、災禍（さいか）の面ばかりに目が向いてしまう……。

一色 そうですね。私は「天変地異の両義性」といっていますが、長い歴史でみたときに、大河の氾濫（はんらん）が世界四大文明を生んだともいわれるように、天変地異については、禍と福の両面をみるべきだと思うんです。

串田　わたしたちは天変地異の恩恵にも浴している、そのあたりを少し具体的にみていきましょうか。

深見　火山の話になるんですが、インドネシアを含め東南アジアの火山は一般的に肥沃な土壌を作るんですね。これは日本の火山とまったく違う。火山が爆発すると火砕流が起こったりして、千人規模の犠牲者が出る大禍をもたらすわけですけれども、この噴出物が豊かな土壌という幸をもたらすということがあります。

細井　噴出物の中身の違いがあるようですね。日本の火山ではやせた土地しかできないわけですけれども、その代わり硫黄がたくさん産出される。で、中国で火薬が発明されると、日本の硫黄が火薬の材料になって使われたようです。

辻　いつごろですか？

細井　中世ですね。だから中世の日中間の貿易では、日本の重要な輸出品というのは硫黄で、その関係で日本と中国の間の貿易関係っていうのがかなり成り立っている側面があります。

深見　硫黄はですね、日本だけではなくジャワからも中国に行っているはずです。

辻　なるほど、そうなんですね。

青山　日本でも火山のおかげで温泉もあるわけで、観光の資源となっています。わたしたちもその大いなる恵みを享受しているわけですよね（笑）。

佐々　同感です（笑）。火山がある限り地震もあるわけで、火山の噴火も地震も嫌だけれど、温泉だけが欲しいというのは、虫がよすぎるというものですね。

シン　台風もそうじゃないですか？　四国に来て初めて知りましたが、有名なのが早明浦ダムね、よく涸れるようですが、台風が来たときは涸れませんね。

串田　都会で暮らしていると、台風は厄災でしかないんだけれども、台風は実は雨をもたらし風をもたらすという僥倖でもあるわけですね。

辻　台風が来ないと水不足になるのは東京でも大阪でも同じで、梅雨に雨が少ないと、台風を——台風の雨を期待します。

青野　とくに香川県は台風が来なかったら、水不足になります。

一色　本州とか四国・九州の場合だと、来るか来ないかわからないんですが、沖縄は必ず台風が来るので、それに対応して身構えていています。毎年くり返すかたまにしか来ないかによって、やっぱりその災害の意味づけって変わってきます。

串田　地理的な問題は非常に大切なことなので、後ほど改めて検討しましょう。今は天変地異の両義性ということで……。

シン　古代中国では天変地異を禍と福の両方で理解しています。言葉としては災異に対して祥瑞です。まあ、災害や異変は古代からも注目してきたけれど、でも、幸せなことはそれほど印象に残らない。

辻　そうですね。彩雲とか紫雲とか茜雲とか、「祥瑞は聖王が出現する兆しだ」といわれても……。

シン　それらは見ていて美しいわけですが、一般国民にとって現実問題としてあまり関係のないことです。

串田　中国では祥瑞と災異とはセットですが、実際問題として、祥瑞でどんな益があったのか、あるいはなかったのかは問われない。というのも、祥瑞は少なくとも実害がないわけですから。

細井　でも、実害のない日食とか月食とか、あるいは彗星とか流星とか、こういう天変も古代人は悪い兆しとして恐れたわけですね。

青野　今のわれわれは恐れないどころか、楽しみにしていますよ（笑）。

深見　「月食ツアー」とかなんとか、商売にもなる時代です（笑）。

佐々　朝鮮半島の場合には、中国大陸と陸続きですので中国と似ていることが指摘できます。とくに、古代から中世・近世にかけて基本的に中国の文化圏に入っていて、中国からの思想といったものの影響を大きく受けていました。

青野　そうですね。ですから、天変地異も中国と同じように天変と地異を分けて考えて、天変は人間の生活から少し離れているので、割と自由に解釈しています。

◈天変と地異に分けてみる

一色　天変の場合は災異にもなったり、祥瑞になったりするということですか？

佐々　当時の政治や社会と重ねて、政治が悪ければ、天体の異常現象は災異、逆に政治がうまく機能していたら、天体の現象は祥瑞だと解釈されました。

青野　でも、地異の場合には人間に直接的な被害を及ぼすわけで、朝鮮半島の場合だと洪水とか地震が大きな被害を及ぼしますから、それは災異とみなすことになります。

シン　地異のもので人間の利益になること、地異の祥瑞って何がありますか？

青野　奇妙な動物が出てきたりした場合、それは吉兆、祥瑞になることがあります。

辻　中国では麒麟(きりん)の出現が祥瑞として有名です。でも麒麟が現れて、われわれと何の関係があるんでしょうか？

一色　瑞獣(ずいじゅう)っていうんでしょうが、瑞獣っていうのは架空の動物ですよね？　そういう架空の動物を作るというのは、あまり良いことのない現実を物語っているのではないでしょうか。

細井　アルビノも祥瑞です。

青山　アルビノは以前は白子(しらこ)ともよばれていましたね。

細井　日本では白い亀とか白い蛇とか、あと赤い鳥ですね、そういうのが出ると、これも解釈によって違うんですけど、祥瑞となります。

串田　突然変異ですね。

細井　そうです。

深見　ジャワの宮廷でも、アルビノは祥瑞だというので、宮廷の家臣として召し抱えているという記録はあります。

串田　人間を？

青山　人間を、です。

細井　ジャワでは人間もそうなんですか！

青山　ジャワの宮廷ではアルビノが珍しい存在として宮廷に抱えられていたということが、二〇世紀初めのヨーロッパ人の記録にも出てきます。さすがに今ではお抱えはいないようですが、三〇年ほど前のことでしたか、宮廷の結婚式のためにわざわざアルビノを探し出してきて、お供にしたことがあります。

細井　中国では、アルビノの人間を祥瑞とみる考え方はあるんですか？

辻　私は中国でアルビノの人の記録は聞いたことがありませんが、どうですか？

シン　白虎（びゃっこ）とか白蛇（はくじゃ）とか、白鹿（はくろく）とか、動物は確かに歴史書に記録がありますが、アルビノの人間はあるのかどうかわかりません。

串田　私も知りません。

辻　天変地異の両義性に戻ると、天変地異を幸いとみるか災いとみるかというのは、誰がみるかという問題ではないのかなと思うんです。

佐々　中国はもちろんでしょうが、朝鮮半島においても、天変地異は天譴（てんけん）であるというのは、あくまでも統治者が天からお叱りを受けているという考え方です。

青野　だから、大地震が起きたり大雨が降ったりすることで、国民が苦しむのは当然ですけれども、その結果として、統治者の権威、あるいは国家が揺らぐ、そのときにはそれを災いとみる……。

辻　ええ、ですから、もし統治者にとって不都合がなければ、国家にとって問題がなければ、天変地異を幸いとみることさえ可能で、基準はやっぱり国家や統治者にあるんだと思います。

細井　要するに、地異であっても、解釈によって吉兆だったり凶兆だったりしたわけですね。

◈天変地異の後

串田　天変地異の禍と福の両面をみるということで、もうひとつ、一色さんから地理的な要因が指摘されましたが、そのあたり少し説明をお願いします。

一色　たとえば、沖縄とか奄美というのは島国なわけで、島国というのは、まず資源が限られています。ですから、外からの資源を調達するしかないということと、それからもうひとつは、何かが起こっても逃げようがないということです。

シン　中国のように大陸だと、大きな災害があったらその地を捨てて別の場所に行くということも可能ですが、島ではそれが難しい……。沖縄とか奄美とかは、どうやって台風や津波の災害を乗りこえてきたのですか？

一色 今もそうですけれども、琉球王国の時代からずっと、自然災害だけでなく、外の大国に影響されていろんなできごとが起こるんです。そんな中で深刻な対立や分断が起こるんですが、簡単にいうと、対立しながらもお互いのことを気遣ったり、思いやったりするような関係を築くことで克服してきたのではないでしょうか。

辻 それはその土地の文化になったりしているんじゃないかと思うので、沖縄とか奄美ではそれが天変地異とか災害についても、そのようなとらえ方がされているということでしょうか？

一色 はい、私はそのように理解しています。

青野 逃げ場がないと、ひとたび対立すると共倒れになってしまう危険性があるわけで、そうならないために人間関係の構築が生まれるというなら、それは必ずしも島だけではないでしょうね。

青山 それについてはインドネシアの例があります。スマトラ島という島は、島といっても日本の本州よりも大きな島ですが、その北端にアチェという地域があります。ここは石油・天然ガスが採れるんですが、もともとイスラーム色が非常に強いところで、昔から中央政府と対立していました。それに加えて、天然資源は全て中央政府が吸いあげていたので、住民の不満もあって独立運動が起こってくるわけです。で、一九九八年にスハルト政権が倒れたあとも、対立が続いて和平協定の締結がなかなか進まない。そんな中で、地震と津波が起こって、アチェは壊滅的な被害を受けました。

深見 二〇〇四年一二月二六日、スマトラ島沖地震です。

細井 確かチリ地震に次ぐ大きな地震だったかと……。

深見 一九六〇年のチリ地震がマグニチュード九・二で、スマトラ島沖地震は九・一でした。

佐々 二〇〇四年というと、日本は「記録的な猛暑」といわれた夏でした。最近は「命にかかわる猛暑」で記録更新されていますが。

青野 覚えています。局地的な集中豪雨もすさまじかったし、大型台風が次々と上陸した年でしたね。そして、一〇月には新潟県中越地震がありました。

串田 浅間山が二一年ぶりに噴火したのも、この年の九月でした。

深見 そこにスマトラ島沖地震ですから、青山さんや私のようにインドネシアを行き来している人間にはもちろんですが、直接的な被害はなかった日本人にも衝撃的でした。

青山 東日本大震災がそうでしたが、このアチェの津波というのは、ほぼリアルタイムで映像が世界に流れました。このあたりから、世界中の人々が災害をリアルタイムでみられるようになったというのが一つ大きな変化だったかなと思います。

細井 そういう意味では、アチェの津波は国際的な世論を喚起（かんき）する大きなインパクトだったといえますね。

青山　おっしゃるとおりです。スマトラ島沖地震で大津波が起きてですね、ここで初めて、人間は違いを超えて結束しなきゃいけない、何よりも住民の支援・復興のために団結しなきゃいけないって、翌年八月一五日に急遽和平協定が結ばれたんです。

深見　今のアチェが政治的に比較的安定しているのは、その結果です。中央政府とも安定した関係が結ばれて、津波がきっかけとなって平和が戻ってきたということがいえると思います。

青山　この事実をみると、災害というのは、やはり災害を目の当たりにして、政治的な対立を捨てて結束しようという、そういう意識をもたせるという働きは確かにあるなと思います。

一色　ちょっとそれについてですけれども、欧米ではディザスター・ユートピアとかディザスター・パラダイスというそうですが、それで江戸時代の安政（あんせい）の大地震での庶民の動向をみると、地震によって権力の体制自体が変わる可能性もあって、ある人たちにとっては恵みになっているという見方もあります。

串田　もう少し具体的に説明してもらえますか？

一色　北原糸子さんの『地震の社会史』（講談社学術文庫）なんですが、地震では確かに多くの人命や財産が失われるんですけれども、一方で災害が人間の善良な側面を喚起して、個々人がそれを発揮して、一時的に美しい人間関係が生まれると。

辻　阪神淡路大震災でもそうでした。誰もが等しく地震の害を受けたわけで、一時的ですけれど、既存の社会が崩壊して、持てる者も持たざる者も、権力者も庶民も、みんなが互いに助けあわないと生きのびることができないという状況がありました。

青野　おっしゃるとおりです。普段はコミュニケーションを取っていなかった人たちの安否を気遣い、それまで助けられる側だった人がより困った人を助けるというようなことが、一時的にせよ、ありました。ある意味で革命的な現象が起こっていたんだと思いますね。

串田　それは時間の経過にしたがって、貧富の差がはっきりと出てくるんじゃありませんか？　災害は貧しき者にも豊かな者にも平等にふりかかるわけだけれども、被災後は貧富の差がいっそう明らかになる、これまた事実ではありませんか？

一色　いや、そういうことじゃなくて、例えば誰かがモノを独占すると共倒れになるような状況が来るということなので、実際にその場で、例えば一週間とか十日の間は助け合わないと生きていけない、だから歴史事実としてそういうことが起こるということです。

串田　東日本大震災のあとも、日本人はこんな悲惨な状況下でも決して争わず、だれもが譲り合っていかに素晴らしいかと、日本のテレビや新聞は競って喧伝（けんでん）していました。まるで災害で日本国民を団結させるかのように。

シン　皆さんはどう思ったかわかりませんが、中国の報道ならそれは普通にあると思いますが、日本の報道も中国と同じなんだなと、私にはちょっと意外でした。

深見　それはどういうことですか？

シン　何というか、中国で災害があると、実際には略奪があったりして大混乱しているのですが、テレビでも新聞でもまずそんなことはニュースにしません。政府のお偉方が被災地を見舞っている映像、国をあげて被災者を救済しているとか、国民は安心しているとかいうニュースばかりで……。

深見 まあ、そういわれると日本で報道する諸外国の災害のニュースでは、人々が商店の窓やドアを壊して食料を略奪する映像をよくみかけますね。シンさんは、日本では日本人礼賛のニュースばかりで、まるで中国の政府広報そっくりだと（笑）……。

シン イヤー、そこまでいってません。でも、そんなに美しい側面ばかり強調していいのかなあと思ってたんです。一方で、「絆」という言葉で日本人の結束をよびかけるのが、ちょっと……。

一色 確かに、持てる者と持たざる者との連帯感を「絆」という言葉で強調しようとしたのかもしれませんが、現実には違います。持てる者はたくさんのものを失うわけですが、もともと持たない人たちは、命さえ助かればよい、他に失うものはないんです。

青山 持てる者と持たざる者ということで思い出したんですが、二〇〇八年でしたっけ、ミャンマーをサイクロン・ナルギスが襲って大きな被害が起きたことがあったんですが、都市部は別として農村部の伝統的な家は、近くで調達できる材料を使った簡単な構造で作られているわけです。だから、壊れたらまた建て直せばいいんだと、つぶれたらつぶれたでもういっぺん直せば元どおりになるっていう、そういう対応の仕方もあるように思うんですね。

深見　それが近代化とともに建物が高級になってくると、台風が来ても壊れないものにしようと、そういう方向での対応をしていく。すると、いったんつぶれてしまうと簡単には復旧できないので、逆に被害が大きくなっているともいわれますね。

◈仏教の地震観

串田　天変地異の両義性ということで、もうひとつ取り上げたいのが、仏教の地震観です。

シン　中国は広いですから、昔からどこかで地震があって、歴史書にも記録されています。ただ、仏典の記録は震度の強弱だけでなく、大地の揺れ方など細かな分析がいろいろあって、びっくりします。

深見　シンさんの仏教の地震観ですが、あれは漢訳仏典ですけど、原典はインドですよね。中国人はインドの地震を知ってたんでしょうか？

一色　われわれ一般の日本人はインドのことをあまり知りませんが、「地震大国」日本ほどではないにせよ、インドも地震が多いはずです。ヒマラヤがあれだけ高い山になったのは、地震によって隆起していったのですから。

青山　最近でもネパールで地震が起こりましたね。ここはヒマラヤ造山帯の一部です。インド人の世界観には当然ヒマラヤが入ってるんで、その世界観からみると、インド人も地震はわかっていたはずです。

シン　ヒマラヤ造山帯は今も活動中で、二〇〇八年の四川大地震はインドプレートの移動にかかわるものだともいわれています。それと、古代中国ではインドを東・西・南・北・中の五つに分けていて、ブッダの生誕地のルンビニは現在のネパールにありますが、それは古代中国人のいわゆる「北インド」です。

深見　なるほど。で、地震があって当たり前の中国で、被害も相当あったはずなのに、「地震は仏の喜び」だという仏典の教えを、なぜ中国人は不思議に思わなかったのか、私にはそれが不思議です。

細井　被害の規模によって違うでしょうが、頻度は多いけど大した被害がなければ、「仏が喜んでいる現象なんだ」ってことでいいけど、大被害があるようだと、そんなことはいっていられないという感じもします。

一色　要するに、権力者は庶民にあまり関心がなかったから、地異が起こっても地方のできごと、別に放っておいて問題ないというふうに思っていたのかもしれないけど、普通に暮らしている者は両義性でも考えないとやってられないというところがあるんじゃないかと思うんですね。

青野　さっきダムの話が最初のほうで出ましたよね。台風は困るけれども、でも、被害なく通過してくれて水が溜まってくれたらいいという、そうじゃないと生きていけないという……。

串田　天変地異を乗り越える、庶民のひとつの知恵でしょうか？

細井　必ず来るとか、何年に一回は来る天変地異については、水なり肥沃な土壌なりというメリットがあるとわかっていたと思うんですよね。「災い転じて福をなす」ではありませんが、被害だけ受けて悲しい思いばかりではたまりませんから……。

佐々　災害によって、それまで当たり前のように暮らしてきた日常がガラガラと崩壊して、さっきのミャンマーのサイクロン・ナルギスの話じゃないですが、なまじ近代的なコンクリートにしてしまったことの反省も生まれる、これまた良いことですね。

一色　われわれ研究者もそこにあまり目を向けていないので、あたかも天変地異は災いしかもたらさないというような見方しかしていないんじゃないかと思うんです。そうなると、それは権力者の視点と同じになってしまいます。

青山　生活スタイルの近代化は、むしろ被害を大きくしていることも事実だということです。

一色　ミャンマーもそうだと思いますが、昔の人は歴史に文字で記録しなくても、そういうことを語り継いできたのだと思います。仙台の浪分(なみわけ)神社のように、そこで津波が止まったと告げてくれているのに、忘れられていたのは近代化の影響であるのか……。ちゃんと語り継がれていたら、それは福になったと思います。

辻　今回、改めて天変地異の両義性について考えて、それはある意味、庶民というか、われわれ普通の人間の逞(たくま)しさであると同時に、その両義性を継承していくことの難しさを思いしらされます。

串田 天変地異の両義性についていろいろ意見交換しましたが、両義性に目を向けることは天変地異への向き合い方のひとつということになろうかと思います。で、古代中国では、天変地異を社会変革の機会にしようという考えが顕著で、これも両義性かと思いますが、ここで少し休憩を入れましょう。

全員 賛成！（笑）

【休憩】

◈世直しへの期待

串田 中国では天変地異をきっかけに世直しの気運が高まって、理不尽な権力機構を糾弾する動きが活発になるのですが、これもある意味で福の側面だと考えられます。

シン 古代人は自然界と人間界とは一体と考えたので、何か変異があれば、天上でも地上でも必ず政治と直結させたんです。

佐々 そもそも中国では統治者や官僚の政治の世界でのことですから、民意なんてまったく無視されていたんじゃないですか。中国の影響下にあった朝鮮半島でも、天変地異は為政者が自分の政治的立場を、説得力をもって説明するために効果的に使われました。

シン 権力機構が天変地異を政治的に利用していたのは事実ですが、その一方で、天変地異の諸現象は、天子や皇后、外戚（がいせき）や官僚などの不徳とか不義不正を追求するためにも利用されています。

串田　中国の正史には歴代の天変地異が「五行志（ごぎょうし）」にまとめられていまして、夏に雪が降ったり冬に花がさいたりという天候不順から、不可解な現象――「天から血が降る」とか「肉が降る」など、おそらく竜巻のような現象で風に乗って運ばれてきたのでしょうが、そういったさまざまな現象が記録されていて、それらは天子の死や外戚一族の滅亡を暗示したり、時には王朝の転覆をも予言するようになります。

青山　それが災異説とか讖緯（しんい）説なんでしょうが、天変地異は政治が悪いから起きるんだとする考え方、天譴説ですね、それが定着して、悪い政治を変革すべしという革命思想みたいになっていくと思うのですが……。

細井　大災害があると、立ち直るのが早いか遅いかはあっても、社会が動揺して革命的な動乱になったりすることは歴史的にありますよね。

辻　儒教は、といっても孟子ですが、革命を是（ぜ）とします、易姓（えきせい）革命ですね。天子はその有徳によって天命を受けて天子となったのだから、徳を失えば天子の資格も失います。だから追放したり殺したりするのは認められることになります。

深見　ただ、易姓革命で新しい王朝が生まれるといっても、天子の首がすげ変わるだけのことで、政治体制そのものは変わらない。それでも新しい時代、今よりましな世の中が期待できると……。

青山　さっき佐々さんがいったように、封建時代では一般の民は政治から置き去りというのが当たり前でしたから、実際には体制派と反体制派との権力闘争のようなものだったんでしょうね。

一色　ちょっと思い付きでいうようですが、明治期に生まれた西郷星（さいごうぼし）ですね、これは国民の期待というか、何らかの希望が天変と結びついた例ではないでしょうか。

細井　そうそう、火星が大接近した年で、庶民は火星を知らなかったもんですから、西郷隆盛（さいごうたかもり）が星になって現れたと大騒ぎになりました。

串田　西南戦争のあとですか？

細井　明治一〇年、一八八七年です。

一色　だから、天変は災いをもたらすだけではなくて、何らかの自分たちの期待を天変と結びつける考え方は、割と最近まであったんじゃないかと思います。

細井　世直しへの期待ですね。

◈讖緯説の展開と多様性

串田　佐々さんの取り上げた『鄭鑑録』、これも天変地異が世直しのチャンスという……。

佐々　『鄭鑑録』は朝鮮時代に予言書として民衆の間で流布して、農民反乱などに結びついて、ある程度大きな力をもちました。もちろん、これは古代中国で生まれた讖緯説にもとづくものですが、それが一八世紀以降の朝鮮でも生き続けているっていうのが興味深いです。

辻　災異説は、こういう天変地異があったのは、現在、あるいはちょっと前にこんな悪い政治をした応徴（おうちょう）、天が下した譴責（けんせき）だというものです。後漢以降に隆盛を迎えた讖緯説というのは、天変地異を将来の予言とみなすもので……。

シン　それにしても面白いですね、千数百年後に朝鮮半島で讖緯説が花開いたというのは……。日本ではどうなんですか？

細井　災異説は日本では陰陽道（おんみょうどう）という、日本独特の呪術（じゅじゅつ）へと変容していったので、本来の災異説の政治や社会に対する批判性というか社会性は、日本では生まれなかったといえます。

シン　それはまたどうして？

細井　天文学が中国から伝わったのは推古一〇年、西暦でいえば六〇二年ですが、これを伝えたのが仏教僧でしたから、天文学の担い手は僧侶だったんですね。さらに、当時の日本に天文学の専門家を育てるだけの文化的基盤がなかったことも一因としてあげられます。

佐々　日本の陰陽道は個々人が災厄を逃れ幸福を得るための吉凶占いですから、災異説のように天変地異を統治者への譴責として解釈するものとはならなかったということでしょうか。

細井　簡単にいうと、そういうことになると思います。

青野　佐々さんや私が取り上げた朝鮮半島の予言は、時代や政治背景は異なりますが、天変地異は新しい世の中が来る前触れだと考えるものです。

青山 この研究会で韓国に調査に行きましたが、それで初めて、朝鮮半島では天変地異が新宗教に結びついていったことを知りました。韓国のシャーマンはどのようにして生まれたのですか?

佐々 韓国ではシャーマンのことを巫堂(ムーダン)とよびます。また朝鮮で独自に発展をとげたシャーマニズムというニュアンスをこめて巫俗(ふぞく)とよんだりします。その起源は、シベリアや中国東北部を中心とするシャーマニズムの文化が朝鮮半島に南下して、中国の道教や仏教のほか、朝鮮土着の神々を祀る信仰として独自に発展したもの、という説明がなされていますが……。

串田 儒教には、死後の世界、来世という観念はないんですが、朝鮮半島の新宗教にはちゃんとあるんですね。

青野 あります。巫俗が、亡くなった人の死に方でその人の魂がどういう状況かをみて、悪い귀(クィ)신(シン)(鬼神)になったら災いをもたらすので、良いところに行くようにと儀式をやります。

佐々 朝鮮王朝時代になると、巫俗は儒教的な世界観とは別に民衆の間に広がっていました。巫俗の世界観の中では、死後に魂が肉体から離れて人間に祟(たた)るとされます。それで巫堂が儀式をして死者の恨みを解いてあげる。そのことによって魂はあの世に成仏し、それでもう災いはなくなるというわけです。

串田 ちょっと整理すると、中国でも朝鮮でも、天変地異を機に、政治や社会を変えようという、新たな社会を期待する「福」の一面もあった、しかし現実には政治も社会も良くならない、当時の政治思想であった儒教では解決されない。それで朝鮮の場合、民衆の間で広まっていた巫俗がそれを精神的に補っていたということになるでしょうか？

佐々　そうです。朝鮮王朝時代においては、儒教的なシステムの中で朝廷の支配がしっかりと行われていました。そういった中央集権的な国家が形成されているときに、社会の底辺にいた農民とか民衆は、その構造を崩したいと思っても崩せないわけです。

青野　ですから、そういう可能性がまったくないときに、天変地異、とくに地異が起こって古い世界がガラガラと崩壊する、そして王朝が代わって、自分たちも新しいことを始められるということで、希望がみえてくる……。

佐々　実際、朝鮮王朝時代の後期になると、底辺の民衆の間で、地震とか洪水、それから干ばつ、そういった自然災害を、王朝を乗り越えるための革命の兆しとみなす傾向が出てきます。こうして、天変地異が幸いになるという思想に結びつくわけです。

青山　イスラームの聖典『クルアーン』の中に地震の章があって、そこで描かれる大地震は、最後の審判の日の場面だといわれています。地震のあと、それまでの死者がすべて蘇（よみがえ）って神の前で裁かれて、よき人――イスラームの教えを守った者は永遠の生が与えられて楽園に住む、そうでない者は地獄に落とされて永遠の苦しみを受けるってことになっています。

深見　まあ、地震が新しい世界、新しい時代の到来――イスラームではこれを来世とよんでいますが、単純に死んだあとという意味ではなくて、最後の審判のあとの永遠の時代が訪れると信じて、その兆しというか、まさに前兆であるっていうように考えると、天変地異は吉兆となります。

佐々 けれども、イスラームにしてもキリスト教にしても、その原点になっているユダヤ教にしても、その神っていうのは創造神であって、天地さえも創造した神で、天地の外の絶対的な存在です。いわゆる中国文化圏などのように、汎神論（はんしんろん）的な世界観をもっている文化圏の終末観とは区別すべきではないでしょうか。

細井 そうですね、天も地も人間も混然一体となる中での終末観っていうのは、あくまでも混然一体の現世で人間を救うために天と地が感応してくれる、それが天変地異なんで、やっぱり一神教的な天地を超えた創造神とは違うように私も思います。

◈天変地異の「国際化」と人災

串田 「天変地異の両義性」、まだまだ尽きないかと思いますが、最後にもうひとつ、ずいぶん前の研究会で深見さんが提起された「天変地異の国際化」について、意見交換しておきたいのですが。

深見 私がいうのは、天変地異は発生した地域だけの問題ではないということ、発生した地域限定ではないということ、大げさな言い方をすると、全世界に被害が及ぶということです。

シン　確かに、原発事故も、それにＰＭ２・５（笑）もそうで、福島や北京、いや日本や中国だけの問題ではなく、昔と違っていろいろ観察も分析もできるわけですから、全人類、地球全体の問題として考えるべきですね。

深見　ひとつ例をあげると、ジャワ島の東にあるスンバワ島にタンボラ山がありまして、もとは四〇〇〇メートル以上の火山だったらしい。それが二百年ほど前に大爆発して三〇〇〇メートル以下になってしまいました。

青山　一八一五年です。ものすごい量の噴出物が出て、被害はインドネシアという局地的なものではなくて、地球全体が日照不足となって、世界的に気温が二度ほど低下したといわれています。

深見　それが原因で、翌一八一六年は「夏のない年」といわれました。世界中が冷夏となって、そのために農作物が甚大な被害を受けて、その結果、アメリカでもヨーロッパでも食料が不足して大飢饉が起こりました。

シン　清朝の嘉慶（かけい）年間に、東北地方では寒さのために穀物ができず、牛や豚などの家畜も死滅し樹木も枯れたといわれていますが、これもきっとタンボラ山の噴火で「夏のない年」だったからでしょうね。

辻　それと時期が重なる話として、嘉慶帝の治世に南方で夏に雪が降ったとか、気温が低くて稲作が壊滅的被害を受けたという記録もあるようです。それから、そのころ長江で大洪水が発生したのも、タンボラ山の大噴火で季節風が変わってしまったからだろうと、今ではそういわれていますね。

一色　インドでは季節外れの豪雨が原因でコレラが蔓延しましたし、台湾でも雪が降ったそうですが、不思議なことに、日本ではこの時期に飢饉が起きたとか、疫病が流行したとかいう記録がないんです。

佐々　江戸時代に何度かあった大飢饉は、どれもこれと関係ないんですか?

細井　いわゆる江戸時代の四大飢饉のうち、寛永・享保・天明の大飢饉はいずれも一七世紀と一八世紀で、天保の大飢饉は一八三三年から数年間ですから、どれも時期が重なりません。

青山　ヨーロッパでもナポレオン戦争の終わりごろでしたが、農作物の不作に悩まされたといわれていますから、タンボラ山の噴火は世界中に災禍を及ぼしたわけです。

深見　ところがですね、スンバワ島の北側にあるスラウェシ島では、一時的には日照不足や低温はあったけれども、火山灰が降り積もって肥沃な土壌になって、おかげで農業生産が上がったともいわれています。

串田　まさに天変地異の禍と福ですね。それと天変地異の「国際化」。昔は遠い国で大きな天変地異があっても、その影響を理解できなかった、いいかえれば、語り継ぐことも難しかったかもしれませんが、今じゃエルニーニョ現象とか、地球温暖化とか、異常気象とかと同じように、ある地域に発生した天変地異も地域だけの問題ではないことが明らかになっている時代で……。

佐々　そうですね、地球温暖化の原因とされる二酸化炭素もメタンガスも、人間が便利で豊かな生活を求めた結果であるのに、われわれはついついそのことに目を背けてしまうんですね。

辻　豊かな生活は福ですよね。その福が禍をもたらしているわけで、それなのに、天変地異があるたびに、自然は人間に災害ばかりもたらしていると思ってしまいますが、逆に人間が災害を作っていることを改めて考えさせられました。

青野　自然の樹木は雨水を吸い込んで根を張るので大きな山崩れや土石流はない、いわゆる「乱開発」が災害をつくった人災だといわれて久しいことですし……。

細井　だから、近代化の構造の中で被害が大きくなっているのに、天変地異が起こっても単に自然現象だと受け止める場合が多いですが、人間が自然に加工するもんだから、災害が起こりやすくなっている、だから人災の面もあるということかと思います。

串田　うまくまとめていただいたので、最後に、これまで研究会で考え続けてきた「天変地異とどう向き合うか」の答えが、少しみえてきたように思います。ひとつは天変地異の禍と福、両義性を考えること、もうひとつは天変地異の国際化を理解すること。そのためには、天変地異に見舞われても感情的、情緒的に流されないこと、難しいことですが、一人ひとりが冷静に対応すること、そうしてはじめて浪分神社のような「災害の記憶」を後世に語り継ぐことができるのだと思います。ということで、時間も時間ですから、そろそろお開きにしたいと思います。

全員　（拍手）ありがとうございました。お疲れさまでした。

あとがき

本書は共同研究「天変地異の社会学」の研究成果のひとつとして生まれた。研究会が生まれたいきさつは「座談会」にある。その間（二〇〇五年度～二〇一九年度）、桃山学院大学から研究助成を得、毎年複数回の研究会と調査を実施することができた。構成員は以下のとおりである。

青野（あおの）　正明（まさあき）（桃山学院大学）
青山（あおやま）　亨（とおる）（東京外国語大学）
一色（いっしき）　哲（あき）（帝京科学大学）
串田（くしだ）　久治（ひさはる）（桃山学院大学）
佐々（さっさ）　充昭（みつあき）（立命館大学）
邢（シン）　東風（トンフォン）（愛媛大学）

辻（つじ）高広（たかひろ）（桃山学院大学）
深見（ふかみ）純生（すみお）（桃山学院大学）
細井（ほそい）浩志（ひろし）（活水女子大学）

二〇一六年二月、研究会「一〇年の回顧と展望」では、これまで構成員が発表した多くの学術論文と国際シンポジウムでの研究発表を整理し、その成果にもとづいて今後の方針を話しあった。その中で、これまでの研究成果をまとめて学術書として世に問いたいという話になり、その後も出版について具体的に検討してきた。

アジア諸国に語り継がれ記録された「天変地異」の言説（ディスコース）や逸話（アネクドート）を学術書として刊行することの意義は極めて大きい。しかし、その過程で、これは一般書として上梓するのがより意義深いのではないだろうかという思いが強くなっていった。

各分野における専門的論攷はすでに国内外の学会誌などで発表し活字となっていることもあるが、最大の理由は、震災後の東北や熊本を訪れて肌で感じたことが大きな内的な要因となっていたからだと思う。そして、天変地異がここまで日常化してわれわれの暮らしを脅かしている現実を直視すると、歴史の教訓や先人の知恵を、研究者だけでなく、より多くの人と共有したいという思いがいっそう強くなった。それを東方書店の川崎道雄氏に伝えご相談したところ、東方選書として上梓してもよいと快諾をいただいた。二〇一八年三月のことである。

その後、何度も研究会で話し合い、計画を練っているなかで、「全員で座談会をしよう」という話がでた。本書の最後に掲載したものがそれである。

座談会からすでに一年近く、川崎氏とお会いしてからは二年近い歳月を経て、ようやく東方選書の一冊として世に出すことができたのは、ひとえに編集部の家本奈都さんのお力添えのおかげである。家本さんはすべての原稿を丹念にチェックし、ついつい硬い論文調になってしまう文章をよりわかりやすくするために、詳細なコメントやアイデアをくださった。ここに衷心よりお礼申し上げます。

二〇二〇年一月

執筆者を代表して　串田久治

天変地異(てんぺんちい)はどう語(かた)られてきたか　中国(ちゅうごく)・日本(にほん)・朝鮮(ちょうせん)・東南(とうなん)アジア　東方選書53

二〇二〇年二月二〇日　初版第一刷発行

編著……………串田久治
発行者…………山田真史
発行所…………株式会社東方書店
東京都千代田区神田神保町一-三　〒一〇一-〇〇五一
電話(〇三)三二九四-一〇〇一
営業電話(〇三)三九三七-〇三〇〇
ブックデザイン……鈴木一誌・下田麻亜也・吉見友希
組版……………三協美術
印刷・製本………(株)シナノパブリッシングプレス
定価はカバーに表示してあります

ISBN 978-4-497-22001-1 C0325

東方書店出版案内

フォルモサに咲く花

陳耀昌著／下村作次郎訳／一八六七年、台湾南端の沖合で座礁したアメリカ船ローバー号の乗組員一三名が原住民族によって殺害された。本書はこの「ローバー号事件」の顚末を、台湾原住民族、「異人」、中国からの移民など、さまざまな視点から描く大河歴史小説である。

A５判四四〇頁／本体二四〇〇円＋税 978-4-497-21916-9

映画がつなぐ中国と日本 日中映画人インタビュー

劉文兵著／国交正常化以前からの映画人の交流、文革時代の映画製作、高倉健のインパクト、山田洋次、大林宣彦など日本の監督から受けた刺激……往年の映画女優、声優、張芸謀、ジャ・ジャンクーから新世代の監督まで、日中の映画人が語る貴重な証言。

四六判三八四頁／本体二〇〇〇円＋税 978-4-497-21815-5

古代中国の語り物と説話集

高橋稔著／六朝時代以前の古い語り物の例として、荊軻の始皇暗殺の物語などを翻訳。原文も掲載し、語りのリズムの痕跡を追究する。また、「志怪小説」の生みの親「列異伝」の逸文五〇種を翻訳収録。志怪小説と語り物が相互に与えた影響を見る。

A５判二三六頁／本体二四〇〇円＋税 978-4-497-21714-1

「玄怪録」と「伝奇」 続・古代中国の語り物と説話集―志怪から伝奇へ―

高橋稔著／唐代の説話集から、六朝以来の「志怪」の特徴を残しつつ著者の主張も盛り込んだ「玄怪録」（牛僧孺撰）と、創作的な要素が強く、話のおもしろさを追究する姿勢が見られる「伝奇」（裴鉶）を訳出して比較。伝承説話（志怪）から短編小説（伝奇）への変遷をみる。

A５判三一二頁／本体二四〇〇円＋税 978-4-497-21820-9